百度 李彦宏

中国大脑的智能战

甘开全◎著

U0340074

新世界出版社
NEW WORLD PRESS

图书在版编目（CIP）数据

百度李彦宏：中国大脑的智能战 / 甘开全著. —
北京：新世界出版社，2017.1
ISBN 978-7-5104-6032-6

Ⅰ.①百… Ⅱ.①甘… Ⅲ.①网络公司 – 人工智能 –
产品开发战略 – 中国 Ⅳ.①F279.244.4②TP18

中国版本图书馆CIP数据核字（2016）第265163号

百度李彦宏：中国大脑的智能战

作　　者：甘开全
责任编辑：张杰楠
责任印制：李一鸣　吴海兵
出版发行：新世界出版社
社　　址：北京西城区百万庄大街24号（100037）
发 行 部：（010）6899 5968　　（010）6899 8705（传真）
总 编 室：（010）6899 5424　　（010）6832 6679（传真）
http://www.nwp.cn
http://www.nwp.com.cn
版 权 部：+8610 6899 6306
版权部电子信箱：nwpcd@sina.com
印　　刷：北京市兆成印刷有限责任公司
经　　销：新华书店
开　　本：710×1000　1/16
字　　数：210千字
印　　张：17
版　　次：2017年1月第1版　2020年6月第2次印刷
书　　号：ISBN 978-7-5104-6032-6
定　　价：42.80元

PREFACE

从搜索生态到智能共享

2045年，太阳照常升起，金光万道，温暖全世界……不同的是，所有经济指数、景点、疾病、城市、欧洲赛事、世界杯、高考、电影票房等重大事件已经被大数据预测，今天只是昨天预测结果的重播。

此时，在家里宅了数月的度娘轻轻一挥衣袖，智能问答机器人小度就缓缓来到她面前。似醒未醒的度娘眯着眼问："今天上哪儿逛比较合适？"

"这还用问吗？要逛就逛未来商店街吧，那里的打折货最多！"小度用嗲声嗲气的温柔女声说。

"魔镜，魔镜，今天姐的状态如何？"说着，度娘来到百度魔镜前，开始梳妆打扮起来。

接到度娘的指令，百度魔镜很快就把度娘今天的体重、血压、血糖、体温、肌肉密度等信息显示出来了。度娘对自己现在的状态很满意：苗条婀娜，轻风动裙，飘飘若仙。她高兴地说："姐现在的状态刚刚好！"

然后，度娘一头钻进百度无人驾驶汽车，命令它开往未来商店街。无人驾驶汽车接到指令后，自动规划了一条既不拥挤又不绕远的路线，就载着无驾照的路痴度娘上路了。

未来商店街的小巷子进不了车，于是度娘从后备箱里取出了百度智能自行车Du Bike，一边逛街，一边健身。这里的人工智能产品琳琅满目、物美价廉，很多加入了百度智能硬件计划Baidu Inside的产品都在打折销售。店员老是催着顾客说："再不买明天就要升级了。"而升级意味着涨价。

很快，度娘看中了一个最新款式的百度易手机，就戴上百度眼镜扫了一下，镜片上马上呈现网上购买链接和价格。据此，度娘更有理由和底气与店员讨价还价，最后度娘用百度钱包付款买下。就在度娘喜不自禁地把玩新手机的时候，发现店外面的Du Bike被偷走了。丢车之后，度娘并没有惊得花容失色，而是不慌不忙地打开监控软件，锁定Du Bike的位置，然后重新设定导航路线，让它乖乖地返航回来了。

折腾了一个上午，度娘已经又累又饿。她马上在手机百度上搜索附近的团购美食，然后闪进一家韩国风味美食店。没想到菜单竟然是韩文的。看不懂怎么办？度娘不慌不忙地打开百度翻译扫了扫，韩文就自动翻译成中文语音了。接着，度娘点了一份招牌泡菜饭，为了进一步鉴定泡菜的质量如何，她从包里摸出一把"走江湖的利器"——百度筷搜，径直插下去。百度筷搜上的数据显示：这里的泡菜没有使用地沟油，而且食材皆为上等。这回，度娘终于放心了，就张开樱桃小嘴津津有味地吃起来。

这是人们幻想在2045年度娘逛未来商店、享受"智能＋"生活的情形。也许，在不久的将来人们就会真正体验到这种生活。届时，人工智能高度发展，而百度的人工智能产品，则如同其他中国制造的产品一样风行全世界。

2015年，李彦宏关于中国大脑的一纸提案惊醒了无数梦中人，也彰显出百度公司发展人工智能的勃勃雄心。何为中国大脑？李彦宏解释说："提出中国大脑这样的项目，是希望集我们国家之力，做一个全球最大规模的人工智能共享平台。也就是让我们的几十万台服务器、科研机构、高校、民营公司、国有企业甚至是创业者，都可以利用这个平台去做各种各样的创新。"

《百度李彦宏：中国大脑的智能战》这本书分别从信仰技术、满足需求、人才之争、百度文化、竞争艺术、专注精神、资本运作、中国大脑等8个方面，综合解读了百度李彦宏的新战略——中国大脑智能战。

20多年来，为了实现"用技术改变世界"这一伟大梦想，李彦宏做出了很多努力与投入。年轻的李彦宏从山西阳泉走出来，考取北大、留学美国、硅谷打工，名利双收，接着他又放弃一切回国创业。在路上，他信仰技术，满足需求，吸引人才，打造文化，竞胜对手，专注如一，培养生态。

李彦宏通过10多年的睿智创业，构建了报国报民的创新基地（百度大厦，即搜索框），带领着数万百度员工，从PC搜索延伸到移动搜索；从关键词搜索延伸到智能搜索（图像搜索、语音搜索、多轮问答搜索等）；从超级链接分析技术延伸到对象识别方法和装置专利；从连接人与信息延伸到连接人与服务；从搜索生态延伸到智能共享；最终从百度大脑延伸到了中国大脑。

为了做好人工智能，李彦宏一方面建立了百度深度学习研究院（简称IDL），邀请人工智能领域的顶级科学家加盟；另一方面加大投资力度，既不怕百度的股价震荡，也不怕自己的财富缩水。李彦宏说："我希望百度IDL会成为像贝尔实验室（AT&T-Bell Labsb）、施乐帕克研究中心（Xerox PARC）一样的顶尖研究机构，为中国、为全世界的创新历史再添一笔浓墨重彩！"

"一分耕耘，一分收获。"在人工智能方面，百度原本就有良好的技术基础，再加上不断吸引人才和投入重金，百度已经取得了很好的成绩，如百度眼镜、百度魔镜、百度识图、小度机器人、Du Bike、百度筷搜等未来产品已成功发明出来。未来，像百度无人汽车、百度超级智能机器人等人工智能产品将会陆续登场，而中国大脑也将有机会发展成为全球最大规模的人工智能共享平台。

现在，在人工智能研发方面，世界上已逐渐浮现出两大阵营，掀起了新一轮的软件和硬件之争。在软件阵营中，以百度、谷歌和微软为代表的企业，正在加紧研发类脑软件以争夺人工智能领域的制高点。在硬件阵营中，像IBM等公司，则继续研发类脑芯片，打算用更精密的硬件模拟人类神经元，以打败传统的计算架构。

这场人工智能竞赛愈演愈烈，有些国家已经开始装备人工智能武器。不少科学家已经开始担心人工智能可能会袭击人类，大声呼吁要禁研人工智能武器。著名科学家史蒂芬·霍金就曾多次发出警告："未来100年内，人工智能将比人类更为聪明，机器人将控制人类。"而谷歌也专门成立了一个伦理委员会，该委员会的任务就是要时刻确保人工智能技术不被滥用。

对于在未来社会机器人可能会任性发作这一点，李彦宏也声明要留个后门，百度既希望未来智能人都是Baidu Inside，也在积极研发控制它们的紧箍咒。他说："现在只是刚刚开始，其实人工智能还可以做很多的东西。未来随着我们创新的继续，随着大数据积累越来越多，随着人工智能技术的不断推进，百度大脑会越来越接近一个普通成年人的智力水平。等到哪一天机器跟人类斗智斗勇的时候，它可能比一般的人类还要聪明，我觉得还是很有挑战的。不过机器毕竟还是人做出来的，人怎么也得在机器上留个后门吧。万一机器失控的话，还可以给拽回来。"

CONTENTS 目录

附录

第1章

信仰技术:

李彦宏的"超链分析"

既要懂技术,又要对技术有信仰;既要利用技术的力量,同时又能站在一个普通用户的角度来看问题。这不仅是百度转型的一个成功经验,也是我们十几年发展中一直坚持的原则。

——李彦宏

中国有计算机吗？

北京的冬天，冰封四野、朔风凛冽，道旁的树上已悄然被绑上草绳，小宠物披上了形态各异的夹袄，姑娘们也都套上了五颜六色的羽绒服，一切事物都在极力避免严冬的侵袭。这时，有一位年轻人裹着风衣骑着自行车，"丁零丁零"地打着铃铛冲出北京大学的校门，沿着中关村大街径直南下，向国家图书馆驰行。

飞车驰行中，北风如刀，年轻人稚嫩的脸马上被冻得通红，耳朵传来阵阵疼痛，手脚也似乎有些麻木了，但他还是一边呼出白气，一边奋力地踩着自行车向几千米处的目标前进。他就是大学时代的李彦宏，未来的创业男神、颜值爆表的百度CEO。

↗ 为了理想也蛮拼的

在天寒地冻的日子里，别的同学都在睡懒觉、玩游戏，李彦宏却冒着大风骑行到几千米外的国家图书馆借书。这是为什么呢？

原来，李彦宏为了心中的理想也蛮拼的。他读初中的时候想考上阳泉一中，读高中的时候想考上北京大学，现在考上了北京大学，又想出国留学，去大洋彼岸学习他喜爱的计算机专业。

时间一分一秒地流逝，一辆自行车在冷风中艰难行驶，就像一片孤帆在海上战栗、漂移。那不断旋转的车轮,将时光带回到李彦宏的童年时代……

1968年,李彦宏出生在山西阳泉一个普通的家庭,由于他是家中唯一的男孩,所以备受父母的疼爱。李彦宏在家中属于"老四",他上面有三个姐姐,下面还有一个妹妹。

从小学到初中,李彦宏的数学都很好,课余时间还迷恋戏曲,经常自作道具,自娱自乐一番。后来,家中的"学霸"三姐以阳泉市第一名的成绩考入北京大学化学系,震惊了阳泉这个"煤铁之乡"。乡亲们一见到三姐就竖起大拇指,赞不绝口。

李彦宏心中很不服气:三姐能上北京大学,我也能。不过,大家都笑话他,因为当时李彦宏在晋东化工厂子弟学校读初中,在子弟学校读书的学生历来很少有人能考上阳泉一中。李彦宏要想上大学,第一步就要考上阳泉一中,上了那所中学的人,就如同一只脚踏进了大学的门槛。

李彦宏心中有很强的不服输精神,越是大家不看好的事,他越是要做成。在中考前几个月,李彦宏开始专注学习,他认真完成老师布置的中考模拟试卷,并将自己做错的题目抄写在一个错题本上,注明出错原因,时不时拿出来复习,温故而知新,杜绝犯同样的错误……

中考结束,晴空万里,李彦宏如愿考上了阳泉一中,让晋东化工厂子弟学校的学生们羡慕不已。李彦宏自然也是心花怒放,笑等鲤鱼跃龙门、金榜题名时。

有一天,在阳泉一中读高一的李彦宏进入一个计算机教室,只见老师坐在米黄色的电脑前,噼噼啪啪地敲打着键盘,电脑屏幕上出现了一串中文和英文字符,老师不紧不慢地再放入闪耀着无限光彩的光盘,电脑就可以唱歌、玩游戏。一切就是这么神奇,富含高科技基因。李彦宏从来没有见过电脑，见到这个高科技的东西后简直迷呆了，早就把戏曲那点儿爱好抛到九霄云外去了。

不过，高中的计算机课实在太少了，为了多到机房上机，李彦宏经常找计算机老师"做点儿公关"，想尽办法帮老师干点儿活，希望能多练电脑。计算机老师发现李彦宏数学成绩比较好，且头脑十分灵活，很多东西一学就会，所以就让他偷偷过来加强上机练习。在强烈的兴趣驱动下，再加上丰富的上机实践，李彦宏在计算机方面脱颖而出，成为阳泉一中的"电脑小天才"。

不久，全国中学生计算机比赛在山西省省会太原市拉开帷幕，阳泉一中校领导就将李彦宏这个种子选手选入计算机学习小组，积极备战。

在去比赛之前，李彦宏顺利通过各种各样的电脑考试，对于这次全国中学生计算机比赛更是志在必得。真所谓，希望越大，失望越大，让全校师生意外的是，不仅一等奖、二等奖错失了，李彦宏连三等奖、优秀奖、鼓励奖等都没有拿到，"扛着个大鸭蛋"回来。

"电脑小天才"的翅膀被无情地打折了，学校里流言蜚语满天飞。虽然李彦宏并没有因此放弃学习心爱的电脑技术，可是他在阳泉市内根本找不到像样的计算机类书籍。这时候，考上北大的三姐安慰他说："外面的世界很美丽，所以你一定要好好学习，考上大学，走出阳泉，这样你未来的路才会更宽阔。"

在三姐的鼓励下，李彦宏默默地发力学习，决定在阳泉一中重拾自信。为了报考计算机专业，在高中文理分科时，李彦宏毅然选了理科。当时，学生要先填报志愿再参加高考，而不是考试完后通过估分再填报志愿。

在填高考志愿时，李彦宏大笔一挥，将第一志愿填了北京大学，可是专业并不是选择热门的计算机专业，而是报了冷门的图书情报专业。

"计算机专业很有前途，而你又喜欢这个专业，为什么不报？"在单位做锅炉工的父亲不高兴了。

"我最喜欢看书了，我读了图书情报专业，就能天天与书为伍，有什么不好？"李彦宏还是坚持己见。

当时计算机专业是非常火爆的专业，因此全国报考北京大学这个专业的学生特别多，千军万马挤独木桥之势已悄然形成，鹿死谁手未可知。在这个时候，李彦宏审时度势、知己知彼，弃热门而报冷门专业，对考上北京大学有了十拿九稳的信心。

1987年，李彦宏以阳泉市第一名的成绩考上了北京大学图书情报专业，全校欢腾，师生们都说李家的孩子"个个都是学霸"，他家三姐如此，李彦宏也出类拔萃。

梦幻般的大学生活，曾经让李彦宏激动快乐了一段时间。很快，李彦宏的三姐又有了新的进步，她从北京大学硕士毕业后就到美国攻读博士了，美好的前景已向她展开。为此，不服输的李彦宏决定追随三姐的脚步，到美国留学。

要想到美国留学，需要付出超常的努力，所以李彦宏在冬日的狂风中出发，在别人沉睡时驰行，去国家图书馆借书，进行跨专业学习，在学好图书情报专业的基础上，不忘主攻自己的考研方向——计算机专业。李彦宏知道，只有去海外留学，才能心随所愿地研读自己朝思暮想的计算机专业，毕竟美国的IT技术要比中国发达。

经过半个小时的痛苦骑行，李彦宏终于到了国家图书馆，他把车停好，然后走进图书馆用电脑检索有关计算机专业的书籍，能借的都借出来研读。后来，他又用自己省吃俭用攒下来的钱去书店购买考托福、GRE的英语书，备战出国英语考试。

李彦宏的求学之路

↗ 留学美国遭遇"恶教授"

天道酬勤，命运之神再次眷顾李彦宏。1991年，23岁的李彦宏考取了美国纽约州立大学布法罗分校计算机系的研究生，他终于可以漂洋过海去寻找他的"硅谷梦"了。

在美国留学期间，李彦宏白天上课，晚上补习英语、编写程序，经常忙碌到凌晨两三点。不过，作为一名来自发展中国家中国的留学生，美国的教授并不给他好脸色看。

有一年，李彦宏看中了一个美国教授的计算机图形学实验项目，并为这门新兴技术而激动，就申请进入他的实验室。很快，美国教授就找来李彦宏面谈，打算测评一下这位中国留学生的研发潜力。

"你为什么要申请这个研究项目，你了解计算机图形学吗？"美国教授直奔主题。

"什么？请再说一遍。"李彦宏没太听懂教授的英语提问。

"计算机图形学，就是让计算机部分地表现人的右脑功能，你明白吗？"美国教授有点儿不耐烦了。

"什么右脑？"有些问题李彦宏确实不知道，所以回答得牛头不对马嘴。

"中国有计算机吗？"美国教授气急败坏地抛出了这样的问题。

李彦宏如梦初醒，听懂了最后这个问题，也明白了美国教授的心思，他分明是藐视中国人的计算机水平，要下逐客令了。

当时，李彦宏很受伤，自己高中时就是"电脑小天才"，上了大学不是天天玩计算机，就是到图书馆用电脑检索资料，这个狂妄的美国教授怎么能怀疑中国没有计算机呢？人格、国格，险些被他毁得体无完肤。

最后，李彦宏以自己英语不好为由向美国教授道歉，并退出了计算机图形学实验项目，重新回去研究自己熟悉的信息检索技术。

后来，李彦宏回忆说："因为与美国教授面谈时，我问题回答得不好，导致美国教授怀疑中国有没有计算机，也正是因为这样一件事情让我觉得有一天一定要在计算机领域做出一番事业来。"

从小学迷恋戏曲、大学选冷门专业到读研时申请美国教授的研究项目，很多时候一个不经意的选择，就有可能断送李彦宏的计算机梦、硅谷梦。但是，李彦宏心中那股不服输、坚持不懈的精神让他重归巅峰。因为这种精神，他像自己的"学霸"三姐一样考入重点高中，考入北京大学，前往美国留学。因为这种精神，他放弃美国教授的图形学实验项目，回归本业，坚持不懈地学习信息检索技术，并打算用尽一生将这件事做到更好，做到极致。

超级链接分析技术的专利

惊天巨响的核爆涌起一个又一个蘑菇云，武装到牙齿的机械人披着隐形衣，操着激光炮、电磁轨道炮，突袭人类的营地。盘旋在太空中的卫星武器不时锁定逃逸目标，发射电磁脉冲和高能激光，对人类的将帅实施斩首打击。同时，各种各样的无人驾驶飞行器、陆战机械，像蝗虫一样汹涌杀到，打得人类落花流水……

科幻电影《黑客帝国》里曾经如此渲染，拥有人工智能的机器人叛变，与人类争夺地球霸主的地位。在互联网世界，人工智能依然是开发的热点，由李彦宏发明的拥有智能算法的超级链接分析技术，就一直影响着互联网领域。

2015年1月，在极客公园的年度大会上，李彦宏首次透露了自己最新注册的第二个搜索专利——对象识别方法和装置。李彦宏的第一个搜索专利是超级链接分析技术。

◉ 《华尔街日报》里辛苦的技术员

1991—1994年，李彦宏在美国纽约州立大学布法罗分校计算机系攻读研究生。1994年放暑假之前，李彦宏意外收到华尔街一家知名公司（道·琼斯子公司）的聘书，职位为高级顾问。当时道·琼斯子公司创办的《华尔街日报》以搜集商业客户、摘抄商业信息为生。

李彦宏在道·琼斯子公司工作期间，互联网风起云涌，为了跟上时代发展的步伐，28岁的李彦宏牵头设计开发了《华尔街日报》网络版实时金融信息系统，这是全球第一个网络实时金融信息系统。

网络版《华尔街日报》极方便客户在线浏览海量信息，但是又暴露出另外一个问题：信息量太多了，客户找不到所求。

有一天，李彦宏打开网页想找某条新闻，却怎么也找不到。这时，他灵机一动，自言自语起来："科学论文通过索引被引用次数的多少来确定一篇论文的好坏，超链（从一个网页指向一个目标的连接关系）就是对页面的引用。超链上的文字就是对所链接网页的描述，通过这个描述可以计算出超链和页面之间的相关度。"

就这样，李彦宏结合《华尔街日报》网络版的金融信息搜索实践，研发了以关键词搜索为核心的超级链接分析技术。系统面对两条不同内容的信息时，如何判断孰优孰劣呢？如果信息页面里的超链越多、超链上的文字描述越好，则该信息页面的质量一般会比较高。当客户通过关键词搜索相关信息时，系统可以通过超链分析技术搜索出所有带有客户搜索关键词的页面，然后根据超链数量和描述情况，对这些页面从优到次进行排序，再呈现给客户，让客户在前几条信息中迅速找到所求。

想到这里，李彦宏兴奋得睡不着觉，他连忙敲开老板的办公室，对他说："我们应该做搜索引擎。"

老板虽然口头同意做，但是并没有什么实质性的支持。当时，道·琼斯子公司崇尚"内容为王"，认为最值钱的是编辑和记者，因为他们每天都生产大量的内容，而像李彦宏这种做软件和技术的工程师，只要能保证网络正常运行就可以，没有必要花大价钱去研发什么搜索引擎。

老板"口惠而实不至"，李彦宏很着急，最后决定自己单干。他一边租用服务器做索引互联网上的超链分析，一边将超级链接分析技术写成专利文书，并递交了专利申请。

1997年2月，李彦宏申请的专利——超链分析技术（Hypertext document retrieval system and method）获得通过。虽然有了技术专利，但李彦宏还是过得很辛苦，因为当公司用得着他的时候他就是个宝，当公司用不着他的时候他显然就是个累赘。因此，他决心辞职。

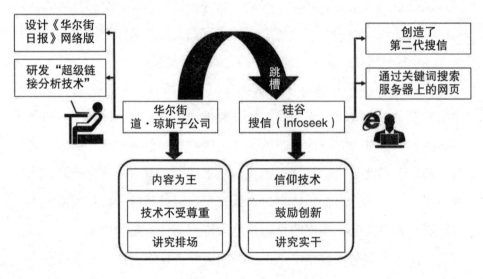

李彦宏在美国打工的日子

↗ 搜信首席技术官的游说

李彦宏虽然去意已决，但是并不知道自己要去往何处，所以他需要不断演示他的超链分析技术，以寻找到慧眼识英才的伯乐。在一次学术会议上，李彦宏当众演示了他的超链分析技术，当时微软

（Microsoft）、雅虎（Yahoo）、搜信（Infoseek）等公司的技术人员将他围得水泄不通，想看看这个超链分析技术的实践应用情况。

只见李彦宏不慌不忙地坐到计算机前敲动键盘，在超链分析系统上输入"China Times"，结果系统搜索出很多页面链接，排在第一位的就是《中国时报》的网站。"哇，太酷了！"这些技术人员和他们的小伙伴都惊呆了。李彦宏笑了笑，又在超链分析系统上输入"IBM"，结果系统又搜索出众多页面链接，其中IBM官方网站排在第一。李彦宏这种通过关键词搜索上网的方式，改变了人们靠输入完整网址上网的传统方式，可谓是开创了互联网使用的一个新时代。

"罗宾·李（李彦宏英文名Robin Li），你来我们公司吧，我们好好合作一把！"这时有个技术员惊呼起来，"你这个超链分析技术，是任何一个流行的搜索引擎都做不到的。"

"请问你是……？"李彦宏显得很腼腆。

"哦，我先自我介绍一下，我是搜信首席技术官威廉·张！"威廉·张递上了自己的名片，并游说起来，"罗宾·李，你的发明专利太先进了，我想除了我们家之外，没有第二家网络公司有条件使用你的专利技术。"

搜信是当时美国硅谷的知名企业，于1994年1月创立，是早期最重要的搜索引擎之一，它之所以能收录这么多网站，是因为它允许全球各地的站长向它提交网址。1995年12月，搜信成为网景浏览器（Netscape）的默认搜索引擎，而网景浏览器是当时浏览器市场的绝对统治者。

"在报业公司里，搜索引擎技术员根本排不上号，但是在我们搜索引擎网站里你却是独一无二的。"在那次学术会议过后，威廉·张不断游说李彦宏，多次邀请他加盟搜信。

为了让自己的超链分析技术有用武之地，1997年，李彦宏离开了道·琼斯子公司，离开了"讲究排场和奢华"的华尔街，前往"鼓励冒险和创新"的硅谷，去寻找他的"硅谷梦、创业梦"，并出任搜信的主任工程师。

可以说，威廉·张创造了第一代搜信，其以站长提交的网站作为搜索排序的基础，如果站长不向搜信提交网址将无搜索结果，而李彦宏创造了第二代搜信，只要是服务器存在的网页都可以通过关键词搜索到，不论站长有没有提交网址。

在李彦宏的帮助下，搜信的互联网搜索能力得到了飞速发展，网民在搜信上能搜索到的内容越来越多。通过使用者的口碑传播，一时间搜信成为了美国人上网搜索内容的良好工具。当时，很多美国年轻人想要在互联网搜索领域创业，也纷纷借鉴搜信的搜索方式，也就是从被动搜索转化为主动搜索，从不提交就无搜索结果，发展到不提交也能找到相关结果。

1998年9月，谢尔盖·布林和拉里·佩奇在一个破车库里创办的搜索引擎谷歌（Google）上线，他们称之为"捕鼠器"，他们自信地认为，在谷歌上都搜不到的东西，肯定是不存在的。为了保护这个功能强大的网络"捕鼠器"搜索技术，他们向美国专利商标局申请了专利保护。但不知道在哪个环节延误了，直到2001年9月美国专利商标局才批准了他们的专利申请。

现在，记录着李彦宏超链分析技术的那几张纸经过岁月的侵蚀，虽然有些泛黄卷边，但是它们依然存放于弗吉尼亚州美国专利商标局总部的档案库里。没有人知道这几张纸记录的专利技术，居然诞生于一位中国人之手，并对世界互联网搜索具有深远的影响。

一曲探戈跳来的爱情

1995年10月，美国新泽西州，秋色迷人、色彩斑斓、如梦似幻，迁徙的鹤群伸展羽翼飞往温暖的安乐窝，遍地金黄的落叶，不少人在层层叠叠的落叶上信步，就像在绒毯上玩耍的顽童。这时，有一对行色匆匆的中国留学生情侣急行而过，身后的落叶翩跹起舞。男的穿着一件黑色的旧西装，女的穿着粉红色的纱裙，他们之所以这么急，是因为他们要赶着在10月10日（意味十全十美）这个好日子去当地结婚登记处登记结婚。

很快，他们来到结婚登记处的工作人员面前。工作人员见他们穿着这么寒碜，见怪不怪，因为很多中国留学生在美国结婚大多就是这种情形，没有教堂、没有婚宴、没有亲朋好友，简单到只是办个结婚证。

"你们的护照呢？"工作人员开始例行公事。

"都在这里！"男的小心翼翼地拿出两本护照和一些办证现金。

工作人员检查了一下新郎、新娘的护照，就麻利地打印出两张纸，签字、盖章一气呵成，办成了他们的结婚证书。

由于他们是中国留学生，他们在美国的结婚证书还需要办理相应的公证认证手续，这样一旦回国就可以拿着美国的结婚证书和公证认证资料到国内的婚姻登记所更新他们的身份关系。为此，他们又马不停蹄地找了个收费便宜的法官做了认证。就这样，1995年10月10日，两位幸福的新人喜结良缘，他们就是李彦宏和马东敏。

↗ 探戈舞曲里的美妙邂逅

李彦宏和马东敏的爱情，可以说是由一曲探戈跳来的。

1995年，李彦宏进入道·琼斯子公司工作不久，中国留学生团体在纽约自发举办了一场聚会，据说纽约留学生圈里的"公主"马东敏将出席聚会。为了这次聚会，李彦宏利用业余时间苦练探戈。

聚会那天，来自纽约各高校的中国留学生济济一堂，大家在交流信息、联络感情之后，免不了觥筹交错、热舞不停。当时，李彦宏并不知道人们所说的"公主"是谁，他只是想随便找个女舞伴跳一段探戈。

李彦宏在聚会场所里走了一圈，感觉自己很傻、很木讷，不知道要找哪个女孩跳舞，也不好意思说出口。就在他准备放弃时，突然发现一个漂亮的女孩出现在他面前。李彦宏怦然心动：难道这个就是传说中的"公主"马东敏？

"实在抱歉，请问能赏光跟我一起跳一曲探戈吗？"李彦宏说。

"没问题。来吧！"没想到，这个女孩左肘内弯，伸出右手，做出标准的探戈起姿。

李彦宏顺势用左手搭起女孩的右手，然后用右手完全揽住女孩后腰，马上启动"蟹行猫步"探戈热舞。音乐骤然响起，留学生们马上鼓掌围观过来。探戈是男方控制女方，可是现在的情形更多是女方引领男方。只见李彦宏在这个女孩的带动下，跳出时动时静的舞步、闪烁着左顾右盼的眼神，还要做出快速干脆的扭头。

一曲探戈下来，李彦宏已浑身是汗，可是面前这个女孩仍是意犹未尽。但是，这个女孩矜持有道，便曲终作罢。李彦宏不想与这个女孩只有一面之缘就算了，于是鼓起勇气说："你好，能否留下电话号码给我，以后我好再向你讨教探戈方面的心得。"

"好啊，欢迎讨教。"女孩心领神会地笑着拿出便笺纸，写下了自己的名字和电话号码。

李彦宏拿过纸条，看了一下女孩的名字，发现字迹娟秀、力透纸背。这时，他才知道刚才跟自己热舞的女孩就是毕业于中国科技大学少年班、19岁即留学出国、就读于美国新泽西州大学生物系、被誉为纽约留学生圈里的"公主"的马东敏。

真是相见恨晚！李彦宏从头到脚再重新审视这个女孩，发现她的身上透露出一股阳光外向的气息，正好与自己沉静内向的性情很般配。四眼接触的一刹那，李彦宏马上把目光移开，又急忙回头张望。马东敏更是明眸善睐，把话题扯向别处去了。

27岁的李彦宏已近而立之年，在华尔街找到一份不错的工作，只是另一半还没有找到。这些中国留学生分散在美国各大高校，一旦毕业将很难再找到对方。为了迅速敲定恋情，李彦宏加紧了他的爱情攻势。

有一次，李彦宏去美国新泽西州大学生物系找马东敏。

在那个充满阳光的午后，李彦宏轻轻敲着马东敏房间的门。就在门开一条缝的刹那间，马东敏的心门也打开了，虽然自己是留学生圈里的"公主"、传说中的"博士级女神"，追求自己的男生也不少，但是没有哪一个真正适合谈婚论嫁。

马东敏打开大门，用纤长卷翘的眼睫毛下那双水灵的眸子注视着李彦宏：这个男人值得托付终身吗？李彦宏在这样火辣辣的目光的注视下，一下子变得呆萌起来，不知要说什么，之前在路上反复打腹稿演练的那些要表达的"关键词"全部都记不起来了。

该来的迟早都要来，李彦宏还是挑明了自己对马东敏的爱慕之情。相恋6个月后，李彦宏和马东敏决定结婚，并把婚期定在1995年10月10日。与别人大办宴席、筹划大婚相比，他们的结婚形式简单到不能再简单。

为什么结婚办得这么简单呢？一方面马东敏快要毕业了，正忙着写论文找工作，根本没有时间去筹划一场婚礼；另一方面，李彦宏和马东敏觉得，他俩的很多幸福细节，只有他们自己知道，别人是无法分享的，所以没有必要"大张旗鼓、昭告天下"。

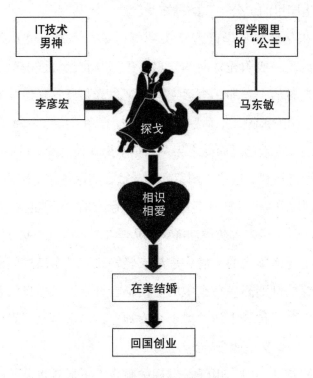

李彦宏的爱情故事

⤴ 不能做加利福尼亚州的"农夫"

新婚燕尔，李彦宏和马东敏感到十分惬意。李彦宏不仅拥有华尔街道·琼斯子公司70余万股期权，还加入了搜信公司继续研发自己的超级链接分析技术，并在硅谷拥有了豪宅与名车。而马东敏毕业之后，也在硅谷找到了有关生物方面的工作。

然而好景不长，李彦宏很快就面临着一场内忧外患。

1998年，迪士尼成为搜信控股公司，公司领导层任性地将搜信从搜索引擎网站转型为门户网站，以便"给人类提供最好的娱乐方式"。原来备受重视的搜索引擎部门变得可有可无，让李彦宏这位高级工程师陷入了职业发展困境。这就是李彦宏的"内忧"。

另外，1998年9月，独立搜索引擎网站谷歌横空出世，一下子就取代搜信占据美国搜索市场的头把交椅。谷歌提出的使命是整合全球信息，使人人皆可访问并从中受益。由于对使用者没有限制，所以谷歌迅速发展成为全球最大的搜索引擎，在全球范围内拥有无数的用户。此为李彦宏的"外患"。

搜信转型为门户网站、谷歌横空出世，内忧外患、祸不单行，怀着搜索技术的李彦宏将何去何从？豪宅加名车又能怎么样？眼看满腹才华很快就要没有施展的地方了！

李彦宏很想创业，但是靠创业挣钱是最苦的路，现在自己还不敢冒这个险，他害怕自己刚刚组建的幸福家庭因此受到影响。那段时间，李彦宏明知自己事业发展受限但又不敢创业，所以内心很是苦闷。于是，他在别墅门前种了一块菜地权当消遣，只要一有空就给青菜浇水。

直到有一天，"心直口快"的马东敏看不下去了，决定对这个"采菊东篱下，悠然见南山"的"陶式慢活情调"来个当头棒喝。

那天，李彦宏下班回家，发现别墅门前菜地里的菜全被拔掉了，堆放在一旁，有两位工人正在菜地里铺绿油油的草坪。

"这是怎么回事，我的菜地就要收获了呀？"李彦宏问。

"天天种菜有什么用，这样只会让你变成一个加利福尼亚州的农夫。你在信息搜索技术方面是专家，应该去干点儿事业。"马东敏流着泪说出多日来压抑在心中的想法。

李彦宏走到妻子面前，为她擦掉眼泪，紧紧挽住她的手说："你说得对，我是应该回国去冒险干点儿事业了。"

马东敏很高兴自己没有看错李彦宏，这个男神不仅有华丽的外表，还有可以不断激发的雄心，于是转悲为喜说："为了支持你回国创业，我决定继续留在美国工作。万一你失败，我的收入可以保证我们生活无忧。"

李彦宏听到马东敏这样给力，再也没有拒绝冒险的理由，决意豁出去了，在一片新草地上开启新的人生。

多年来，马东敏一直不断鼓励着李彦宏开启一项又一项冒险与奋进。李彦宏说："百度精神里有一种叫作勇气，而我妻子马东敏博士，则是这勇气的来源。她总能在关键时刻，冷静地提出最勇敢的建议。"

从童话小说到现实生活，女人们大多喜欢温馨稳定的家庭生活，但是她们骨子里更喜欢富有冒险精神的王子。有人说马东敏博士是李彦宏身后的得力军师，也有人说她是决定男人高度的伟大女人。不论如何，自从李彦宏和马东敏结婚那一天起，他们就结成了牢不可破的利益共同体、命运共同体，所以才貌双全的女博士绝对不会让技术男神成为苟且偷安的"农夫"，而技术男神、白马王子也不会让自己心爱的妻子、留学圈里的"公主"失望，所以他要不断去冒险，不断去证明妻子的选择绝对没有错。

成功的第一步：获得风险投资

1998年，10月的北京，天空湛蓝，北京的大街小巷里菊花怒放，八达岭上层林尽染，长城如巨龙般在山野间穿梭。时逢国庆假期，正是普天同庆、老少同欢的好日子。

这时，李彦宏作为国庆特别活动特邀嘉宾回国，趁此机会，他从技术角度考察了中国互联网市场，他发现黄页、门户网站、互动社区已经兴起，而专业的搜索引擎还没有诞生，人们对信息的排序方式多以发布时间、回帖更新和编辑推荐为主，还没有实现机器智能搜索排序。

眼看国内互联网市场越来越成熟，用户越来越多，美国已有谷歌，中国互联网的搜索市场还是空白。互联网永远只有第一，没有第二，眼下时间越来越紧，如果再不回国创业，又被哪个年轻人捷足先登，那么自己的超级链接分析技术就要烂在美国了。

⊘ "有抵押"的风险投资

在考察期间，李彦宏不断回想自己在美国留学与工作的经历，"恶教授"的挖苦，谷歌的横空出世，还有妻子的含泪鼓励，都让李彦宏百感交集，唯有创业才能重新证明自己，抚平心伤。然而，创业需要较多的本金，正如李彦宏在《硅谷商战》里所写的那样：在硅谷，成功的第一步应该是获得风险投资。

经过粗略计算，李彦宏认为在中国创办一个搜索引擎网站，最少需要100万美元的启动资金。这时，李彦宏想到了自己在道·琼斯子公司的70余万股期权，但是它们不可能马上变现。

要想拿到钱创业，只能找风险投资商。于是，李彦宏迅速回到美国硅谷，与多家风险投资公司接触。经过一段时间的谈判，有一家风险投资公司（德丰杰全球创业投资基金）对李彦宏的发明专利和中国创业项目特别感兴趣。

"要120万美元可以，不过要以你的房产和股票期权作抵押！"精明的投资商提出了一个苛刻的条件。

"我的别墅、股票期权，还有那辆车，你们都可以拿去作抵押。"李彦宏已决意回国创业，显然在美国的这些东西显得不再重要了。

"请你等一下，我们需要再考虑一下。"投资商见李彦宏这么爽快就答应了，觉得有些不正常。因为风险投资是在没有任何财产作抵押的情况下，以资金与公司创业者持有的公司股权相交换。现在，投资商既要股权又要房产抵押，一般的创业者是不会答应的，没想到李彦宏居然这么快就同意了。

投资商悄悄离开谈判室，躲到无人的地方，偷偷给李彦宏的上司——搜信的首席技术官威廉·张打电话。

"威廉·张，你老实告诉我，这个罗宾·李的发明专利真的很厉害吗？"投资商认为还是多方取证较为稳妥。

"罗宾·李的引擎技术在全世界可以排前三名。"威廉·张并没有因为李彦宏离开公司出去创业而做违心的评价。

"太好了，我们今天就投他！"投资商终于放心了，喜出望外地回到谈判室，完成了合同签约事宜。

有了风险投资就有了无限可能，阿里巴巴是利用风险投资的钱发展起来的，李彦宏的创业也不例外。

1998年年末，李彦宏挥别爱人，带着120万美元回到北京创业。在公司取名上，李彦宏从辛弃疾的《青玉案·元夕》中找到了灵感："东风夜放花千树，更吹落，星如雨。宝马雕车香满路。凤箫声动，玉壶光转，一夜鱼龙舞。蛾儿雪柳黄金缕，笑语盈盈暗香去。众里寻他千百度，蓦然回首，那人却在，灯火阑珊处。"

"千百度太长，百度最好，象征着公司对中文信息检索技术的执着追求。"李彦宏就这样定下了公司名，通过工商核名发现还没有被抢注，于是1999年元旦李彦宏成功注册成立了百度公司。

为了节约创业经费，李彦宏在自己的母校北京大学资源宾馆租了两个房间作为创业基地，一间房作为临时休息的卧室，另一间房作为攻克中国搜索引擎市场的指挥室。

有了钱也有了创业基地，剩下的问题就是招人了。一开始李彦宏不敢招全职人员，只能招兼职人员，因为他害怕钱烧得太快，万一公司还没有成功就把风险投资花光了，后果不堪设想。

硅谷的精英李彦宏原本是以车代步的，现在又骑着一辆破旧的自行车，到北大校园里四处张贴招聘小广告。回想12年前李彦宏在北大读书时，骑着单车去图书馆、考托福、出国留学，现在回国创业，他照样骑着单车办大事。

经过几个月的张罗与遴选，李彦宏招到了几名很有培养潜力的员工。

万事开头难。从1999元旦百度公司成立到2001年夏天，百度的搜索软件销量很差，因为很多网站根本不需要搜索功能，中国用户已经习惯直接在浏览器上输入完整的网址。为了与国内网站进行磨合，李彦宏先给几家大网站做一些免费的搜索支持，但是每月租用的服务器、技术研发、房租和员工工资还需要自己掏，公司没有收入，反而天天都在烧钱。

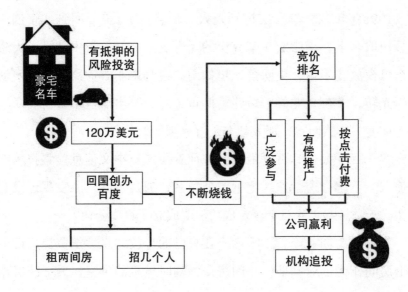

李彦宏回国创办百度

⊡ 竞价排名网络推广服务

美国的谷歌靠投放广告都能活得好好的，可是百度连用户都没有，更不用说收广告费了。眼看公司已沦落到岌岌可危的地步，为了延长公司的寿命，李彦宏开始调整公司的资金预算，能砍的成本坚决砍掉，原计划6个月花光风险投资的钱，现在被迫改为12个月。

延长公司资金预算之后，李彦宏一方面要求风险投资商追加投资1000万美元，一方面苦苦寻求本土化的盈利模式。

有一天，李彦宏去北京王府井大街购物，看到一家小商店门口排了一条长龙，就好奇地上前查看。他发现这家商店正在向客户免费赠送丝绸纱巾，同时推介其他产品。同样是免费，其他商家的推广策略却无人问津，因为他们提出的"买一送一""第二件半价"等都要客户完成了买的动作之后才送。可是，这个商家却做得不同，不管客户买不买，只要来排队就送上好的丝绸纱巾。所以，似乎天天都有人在这里排队。因为人们有从众的消费心理，所以大家一致认为这家店的东西很好卖，纷纷来排队领丝绸纱巾或者买其他东西。

李彦宏灵机一动："现在，百度向门户网站卖搜索软件似乎没有出路，如果我们变换另外一种形式，提供竞价排名网络推广服务，或许更好卖。我们可以让所有网站都参与我们的竞价排名服务，我们是免费的，随便哪个网站都可以来百度注册排名。只有哪些网站需要排到第一位的时候，我们才收他们一点儿推广费。就像那个商家一样，来人就送，来凑热闹的人总会有一部分会转化为真正买东西的客户。"

2001年9月，李彦宏差不多烧完了第一笔风险投资，如果下面几个月百度再不盈利又没有第二笔风险投资的话，那么百度将不复存在了。

情急之下，李彦宏果断地在百度搜索引擎中推出了竞价排名网络推广服务，将收费目标客户明确指向了中小企业客户。这个竞价排名的基本特点就是广泛参与、有偿推广、按点击付费，如果企业网站推广信息出现在搜索结果中（一般是靠前的位置），有用户点击则收费，无用户点击则不收费。企业用户在百度推广的后台可以通过控制关键词数量、费用预算和投放的时间段来严格控制成本，让每一分钱都用在刀刃上，发挥最大的推广效果。

就这样，不论是各大门户网站，还是成千上万的企业网站都争先恐后地参加百度的竞价排名服务，因为这种服务是免费参与的，而且只要企业用户摸清了客户的搜索习惯、设置好关键词，就能做到"花小钱排第一"的搜索体验。

很快，百度推广用户就暴增到近50万家，2001年底百度公司赢利1000万美元。发现有利可图后，风险投资商德丰杰马上联合IDG又向百度投入了1000万美元风险投资，以巩固股权。

就这样，百度左手通过风险投资的钱研发本土化中文搜索技术，右手通过竞价排名这一创新商业策略高速发展。正是双剑合璧、势不可当，一举夺得中文搜索引擎的霸主地位。可见，风险投资很重要，但是商业策略更加重要。

李彦宏说："对于百度来说，我们一直很骄傲，也很庆幸我们生在了一个正确的时代，赶上了很好的机会，我们一直以自己的使命为核心，不断地开发面向用户、面向客户的产品，进行创新。所以，十年坚守一个使命，源自我们的专注，也源自于我们不断的创新，这也就是为什么当初我决定回国创业的时候就梦想着创建一个具有全球竞争力的自由创新的互联网公司。"

第2章

满足需求：

百度更懂中国人

进入一个新的市场，需要多年来在技术、人才、产品、运营上的经验，同时也需要当地人告诉我们什么是那里的人需要、看重并且能看懂的。百度在中国的成功是因为我们更懂中国，并更愿意懂中国。

——李彦宏

百度公司在美国上市，打破互联网泡沫

一天，在中关村理想大厦里，很多白领正在紧张地工作。这时候，一小队西装革履的美国人，急匆匆地走进大厦。领头的是一个头发泛白、戴着圆框眼镜的老头儿。还没有等物业管理人员反应过来，这伙人就已经蹿上大厦12楼，那里正是百度公司从北大资源楼宾馆搬过来的新总部。

这伙神情严肃的美国人发现，百度公司里的气氛相当自由轻松，有些员工边听音乐边编程，有几个家伙在茶几旁下棋，还有一个家伙趿拉着拖鞋跑来跑去。老头儿会意地笑了笑，因为他知道这种"貌似松散却能出创意"的组织形式分明是学谷歌的做法。这时，李彦宏从办公室出来，一眼就认出那个美国老头儿是谷歌CEO埃里克·施密特。

➔ 上市前夜，谷歌欲劝退百度

正所谓"不打不相识"。2005年6月，就在百度准备上市的前夜，谷歌CEO带着精兵强将拜会百度CEO，试图左右百度的上市进程。

"施密特先生，请这边走。"李彦宏将施密特一行请进了会议室。

"谷歌刚上市，我们有一些经验要和你分享。"施密特落定后，开始扯出话题。

"关于上市，我倒想听听谷歌有什么好的经验分享。"李彦宏顿时来了兴趣。

就在一年前，即2004年6月，百度为了上市果断引入了第三轮风险投资，谷歌为了在中国市场控制新兴的百度，投了499万美元买下百度2.6%的股份。虽然百度与谷歌属于同业竞争关系，但为了在美国成功上市，李彦宏只能"将计就计"，利用谷歌投资做上市的阶梯。

李彦宏说："当时，谷歌通过第三方找到我，说想投资我们，我的第一反应是这怎么行呢？怎么能让对手知道公司的底牌呢？后来又一想，这轮融资是为了上市，如果谷歌投资了我们，那说明竞争对手认可我们，这对说服美国投资者很有帮助，但我从来没想过要把百度卖给谷歌。"所以，当时李彦宏只卖了很少的股份给谷歌，以达到麻痹竞争对手的目的，以便让百度悄无声息地超过谷歌。

因为先有美国谷歌再有中国百度，所以谷歌向来不把百度放在眼里。

在谷歌于2000年9月推出中文版后，约有500万网民开始使用它，这给百度造成了很大的压力。为了迅速赶超谷歌，李彦宏通过"竞价排名"网络推广服务让百度实现盈利后，马上奋起直追，实施了"闪电计划"，决意闪击谷歌。

"'闪电计划'成员必须在9个月内让百度引擎在技术上全面与谷歌抗衡，部分指标还要领先谷歌。"李彦宏下达了"军令"。

为了打赢这场追逐战，李彦宏从北京各大高校招来15名计算机专业的高材生，组建"新兵突击班"。与百度"新兵突击班"直接对阵的是谷歌中文版800多名IT高手，这个"国际化兵团"经验丰富、反应敏捷，直接听命于谷歌CEO埃里克·施密特。当时，百度对抗谷歌是以弱胜强的战例，只有IT天才才能扭转乾坤。

不久，就有一些人没了信心，于是李彦宏就给他们鼓气："在'闪电计划'完成之后，百度每天的综合浏览量（page view）要比原来多10倍，每天下载数据库内容要比谷歌多30%，搜索页面的反应速度要与谷歌一样快，内容更新频率要全面超过谷歌。我们能打得过谷歌吗？我们是在自己的国家'打仗'，绝对不能输。还有，我们平时对谷歌都很不服气，现在挑战的机会来了，不冒险一试怎么知道谁输谁赢呢？"

领到具体任务后，"新兵突击班"开始没日没夜地进行本土化中文搜索技术开发，不断提升百度收录网页的数量和搜索反馈的速度，实现"秒录"和"秒搜"，即在1秒钟内实现新页面的收录和反馈用户搜索结果。

2002年8月，百度从搜索软件提供商全面转型为搜索门户网站，李彦宏也加入到了"新兵突击班"的阵营当中。这时，15人的"新兵突击班"一下子就升级到了100人的"加强连"，专门攻克百度赶超谷歌过程中出现的各种"疑难杂症"。

比如，技术人员对商业推广的搜索结果和自然搜索结果进行了区别对待，将用户录入的搜索关键词迅速分发到两个独立系统中进行同步搜索，于是在1秒钟内分别产生了商业搜索结果（后缀为"推广"）和自然搜索结果（后缀为"百度快照"），系统又自动将商业搜索的结果排在前面，将自然搜索的结果排在后面，最终构成了百度的搜索结果。

此外，百度技术人员还不断开发独立品牌平台为搜索用户提供精品内容，如百度贴吧（较大的中文社区）、百度知道（基于搜索的互动式知识问答分享平台）等陆续研发上线。为了提升用户体验，百度还加大力度打击作弊网站，让用户快速找到所求。

经过一番努力，百度在全球网站排名和中文网站排名中均名列前茅。一个搜索网站做得好不好，专业人士一般通过查询Alexa排名来分析比较，即依据网站的用户链接数（UR）、页面浏览数（PV）和网页级别

（PR）等数据进行计算与排名。而普通网民一般凭感觉（即使用体验）判断，比如搜索速度快不快、搜索结果多不多、内容质量高不高等。有调查显示，大量的中国网民在搜索体验中选择了"百度比较好"。

这是中国用户公开公平选择的结果，也是他们真实意愿的表达。因为在对中国文化及其关键词的多重含义的理解上，本土化的百度更具优势。这种文化差异直接导致了搜索差异，用户在谷歌上搜不到的东西，在百度上却能轻松搜索到。

2005年第一季度，百度在中国互联网搜索市场的占有率已悄然超越谷歌。李彦宏高兴地说："搜索引擎用的人多，就说明你做得好。"

百度后来居上，这让谷歌的两位老板谢尔盖·布林和拉里·佩奇十分忐忑，于是就派出CEO埃里克·施密特在2005年6月27日这一天前来"洽谈收购事宜"，试图阻止百度去美国上市。

"在美国上市一点儿也不好玩，乱七八糟的规矩一大堆，上市后公布的每个数据都必须精确缜密，否则不仅会被一些无良的机构做空，而且那些投资者还会联合起来告发我们。"施密特"恐吓"李彦宏，如果百度上市的话，可能面临被做空的风险。

"那你们有什么建议？"李彦宏想进一步试探施密特的底牌。

"百度可以选择不上市，谷歌完全有能力拿出16亿美元收购百度，也可以向百度继续追加投资，双方可以结成更紧密的合作关系。不论是在中国市场，还是全世界，我们都可能做到共赢。"施密特向李彦宏表达了谷歌两位老板的意图。

"我们上市就像泼出去的水，收不回来了！"李彦宏迅速回绝了谷歌的收购请求。

"看来，我们也没有什么经验可以与你们分享了。"施密特发现游说不成功，就愤然而起，带着一行人迅速撤出了百度。

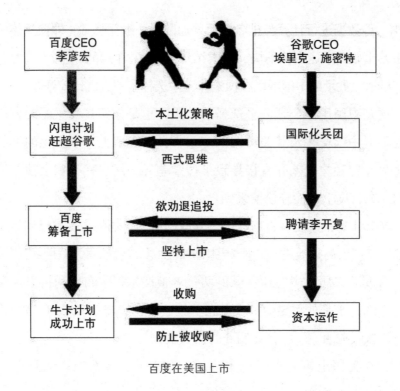

百度在美国上市

⤳ "牛卡计划"防止恶意收购

百度上市势不可当，在15天之后，即2005年7月12日，百度向美国纳斯达克提交了招股说明书，将2005年8月5日选定为百度上市的日子。

收购未成，谷歌CEO埃里克·施密特又展大招，从微软公司挖来了计算机博士李开复出任谷歌中国区总裁，决心打造谷歌中国的本土化之路。按照入职的正常流程，李开复应该在与微软公司保密协议期满之后再宣布加盟谷歌。但是，急于打击百度，希望挫败百度首次公开募股（IPO）的施密特无视保密协议的存在，2005年7月就急忙宣布李开复出任谷歌中国区总裁的消息。

这时，微软不高兴了，就将谷歌告上法院，当时美国的法院迅速下达了对李开复的临时禁止令，所以李开复暂时不能到谷歌工作。谷歌收购百度不成，临时换将也不成，这让施密特阻止百度上市的"图谋"再次落空。

就在李彦宏前往美国、英国、香港等地公开募股的时候，谷歌也有收购其他搜索网站的计划。如果百度上市，谷歌完全有可能收购百度，以扩大规模效应，增强其在全球领域的搜索生态圈与产业链。

对于谷歌这步局，百度想好了对策，那就是实施防止被竞争对手收购的"牛卡计划"。

百度在招股说明书中明示，上市后百度的股份分为A类股票（新发股票）和B类股票（原始股票）。在表决权中，B类股票的表决权为1股10票，而A类股票的表决权为1股1票。百度上市后，一旦原始股出售，即从B类股转为A类股，其表决权立即降为原来的1/10。

在"牛卡计划"中，只要公司的创始人所持股份在11.3%以上，就可获得对公司的绝对控制权。李彦宏占有百度的原始股份为25.8%，除非他想卖掉百度，任何想通过股票市场收购百度的企图都是无法得逞的。"牛卡计划"是一种反恶意收购的计划，凭借这个计划，李彦宏可以把上市后的百度牢牢地控制在自己手中。

事已至此，谷歌已是无计可施，只能眼睁睁地看着百度杀到自家门口，在美国纳斯达克上市。

2005年8月5日，纽约时间上午10：00左右，李彦宏夫妇来到49楼的交易办公室，共同见证百度上市。当天，百度公司在美国纳斯达克挂牌上市，股票发行价为27美元，在首日的交易中，百度股票（NASDAQ:BIDU）以66美元跳空开盘，股价最高达151.21美元，收盘价122.54美元，涨幅达354%，成为自2000年互联网泡沫以来纳斯达克IPO首发上市日涨幅最高的股票。

在首个交易日，百度公司的市值涨至39.58亿美元，瞬间产生了9位亿万富翁、30位千万富翁和400位百万富翁。面对如此火爆的股票，交易员们吓坏了，投资者们惊呆了，李彦宏流泪了……

百度之所以获得成功，是因为它满足了中国用户的大部分搜索需求，大大提高了用户体验。例如，在百度搜索中，几个关键词之间加空格和不加空格，百度搜索出来的相关结果数量是不一致的。而在其他搜索引擎中，不管你加不加空格，搜索出来的相关结果都一样。这就是百度提高用户体验的表现形式之一。

现在，中国网民每月的搜索请求以百亿次计，在满足这一庞大搜索请求中百度可谓是功不可没。正是有了中国庞大用户的支持，百度才有底气到美国上市。

李彦宏说："每天有数十亿的人次在百度的搜索框里输入他们的需求，我们注意到这些需求已经远远地超越了当初传统搜索引擎所定义的信息检索的范围，网民的每一次需求，每一次输入的关键字，都代表了对百度的一次信任，一个嘱托。

"我们就需要尽我们的全力去满足他们的需求，无论是信息方面、应用方面的需求，还是任何计算方面的需求。所以，我们只有通过不断地创新、更快地创新、更好地创新，才能够不断地满足用户的需求，不断地发展壮大。"

做大市值：从千亿走向下一个千亿

在互联网领域，很多企业都以千亿市值作为奋斗目标，所以互联网企业绞尽脑汁扩大市值，要么跑马圈地加紧全国布局，要么进行上市融资等资本运作。

作为中国"BAT"（百度、阿里巴巴、腾讯）三大互联网巨头之一的百度，也在为扩大市值而努力。多年来，百度营收的主要来源是以搜索引擎技术为支撑的广告收入。阿里侧重于构筑电商生态系统，在物流、大数据、移动支付、网商金融等领域频频出手。腾讯主要深化开发社交网络产品及其增值服务获得营收，像会员特权、网络广告等。

◎ 互联网时代的"新腾飞"

在美国股市中，苹果、谷歌、脸书、亚马逊、微软、甲骨文等市值都超过了千亿美元，是很多中国IT公司奋斗的目标。那么千亿美元市值到底是终点还是起点？千亿市值似乎不是百度市值的终点，因为百度还要进行新的腾飞，他们相信技术的力量。

2012年百度年会上，李彦宏玩得很兴奋，因为在2012年福布斯富豪榜上他蝉联中国内地首富。在当年的福布斯富豪榜上，李彦宏以102亿美元身家名列全球富豪榜第86位。这是李彦宏第二次成为福布斯全球富豪榜中的中国内地首富。

虽然两次赢得中国首富的桂冠，但李彦宏并没有因此而自满，他不断勉励百度员工再接再厉，谋求二次腾飞。李彦宏说："2012年对于百度来说，可能是近些年来最困难、最不容易的一年。外界对我们的发展有一些质疑——百度是不是错失了布局未来的先机？是不是只能躺在领先优势上吃老本？是不是缺乏创新的动力和能力？今天中国互联网正在经历从PC向移动的转型，百度必须在移动时代迎来二次腾飞。"

百度为什么要谋求腾飞？因为百度与国内互联网两大巨头的差距越来越大，未来发展隐忧频现。

在阿里巴巴上市之前，腾讯QQ是国内互联网市值最高的企业。腾讯QQ在2004年赴香港挂牌上市，上市时间比百度2005年在美国上市早了一年多，其收入来源主要分为两块：一块是互联网增值服务收入，包括各类即时通信服务、社区服务及娱乐服务等；另一块收入为移动及通信增值服务，包括移动聊天、IVR服务（互动式语音应答）、新闻与信息内容服务等。

相对来说，百度的收入来源较为单薄，主要靠搜索引擎服务（包括关键字竞价排名服务和百度联盟广告服务），但是这并不影响百度做大市值。2011年3月23日，百度以460.7亿美元的市值成功超越腾讯当日的446亿美元市值，一举成为中国互联网的新霸主。

凭借着百度股票良好的市值，李彦宏多次成为中国首富，然而好景不长。2014年，阿里巴巴在美国上市之后，"BAT"的格局受到重创。在2014胡润富豪榜市值最大的公司排名中，阿里巴巴的市值为14100亿元，腾讯的市值为9760亿元，百度的市值为4680亿元。可以说，腾讯的市值+百度的市值=阿里巴巴的市值。阿里巴巴之所以能进入万亿营收的级别，是因为它的收入来源更加贴近商业交易，主要来自于C2C淘宝、B2C天猫、聚划算团购等运营平台的广告推广、交易佣金、旺铺租赁和其他增值服务。

可以说，在"BAT"三足鼎立的格局中，百度强于搜索技术，阿里巴巴强于运营渠道，而腾讯强于社交产品。目前，百度的市值与腾讯、阿里巴巴的差距越来越大。后来上市的京东、小米、奇虎360对于中国互联网三大巨头的位置也是虎视眈眈。

面对这种"前有堵截，后有追兵"的情形，百度只有不断做大市值，才能保住中国互联网三大巨头的宝座。李彦宏认为，百度做大市值，谋求二次腾飞，还得靠技术，别无他法。李彦宏说："在中国互联网发展中，很多人夸大了渠道的力量。他们认为，未来最重要的不是产品，不是技术，是渠道。而我们相信未来就在我们自己手里！百度必将迎来移动时代的二次腾飞！因为我们相信技术的力量！"

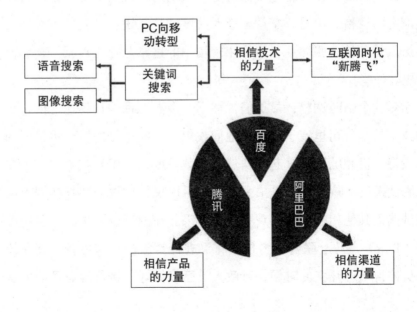

百度谋求二次腾飞

⑦ 相信技术的力量

这么多年来，百度的搜索技术发展得怎么样，我们可以从总理考察百度的故事中看出一二。

2012年年底，在"中国的硅谷"中关村，金色双螺旋雕塑矗立在大街中央，显得熠熠生辉、催人奋进。时任中国国家总理的温家宝同志要来这里考察，位于中关村的百度公司也是重点考察的对象。

2012年12月13日，温总理一行到百度公司考察，百度的员工欣喜若狂。李彦宏自然是喜不自禁，贴身陪伴整个考察过程。李彦宏还请温总理试用百度的最新手机语音搜索技术和人脸图像搜索技术。

当天，为了保证人脸图像搜索技术的演示效果万无一失，百度的员工事先准备了一张温总理的标准照，想在演示时用这张准备好的照片来搜索网上温总理的其他照片。

李彦宏知道后，认为这种做法是不自信的表现，不是一家高科技公司应有的风格。于是，李彦宏就对百度的员工说："我们就在现场直接给温总理拍一张照片，然后用现场拍的这张照片去搜索，这样效果会更好一些。"

面对这个临时调整，员工们忙坏了。在温总理一行到达之前，百度的技术员在公司里疲于奔命，他们收集来不同型号的智能手机，用数据线将手机和电脑连接起来，然后加载百度人脸识别技术的相关软件。测试人员不断找员工自拍照片，然后用现场拍得的照片在网上反复测试搜索其他相关图片，观察搜索结果。在测试过程中，一旦发现漏洞（Bug），马上联合众多技术高手进行紧急修复与更新。就在技术人员忙得不可开交的时候，行政人员已经做好了接待温总理的准备工作。

13日上午，温总理一行如期而至，很快就到了试用人脸图像搜索技术的环节。百度的员工都在旁边围观，共同见证国内"最高级别的用户"是如何使用百度人脸图像搜索技术的。

"请总理自拍一张照片。"百度的员工已经准备好了所有设备，就等总理自拍了。

"好，我就来拍一张。"温总理兴致勃勃地拿起智能手机对着自己"咔嚓"拍了一张照片。随后，百度的员工接过智能手机，点击搜索按钮，准确地搜出了温总理的很多其他相关新闻图片。

"哇，总理的其他照片都被搜索出来了！"百度的员工不约而同地欢呼起来，事实证明百度人脸图像搜索技术的现场演示非常成功。当时，温总理笑得很开心，整个百度公司都被这种幸福所感染。

百度在图像搜索技术方面的不断创新，已经让"以图搜图"成为现实。在搜索时，图像搜索技术快速识别图像特征并搜索出相关结果（如相同或者相关的图像）。搜索依据的图像特征包括文本特征(如关键字、注释等）和视觉特征（如颜色、纹理等）。在语音搜索技术方面，百度也达到了业界领先水平。用户在手机百度上按着麦克风说话，百度即可搜出相关结果。

关键词搜索已经统治互联网搜索十几年，随着时代的发展，互联网在不断演变，用户的搜索需求也在不断变化。百度凭借着一系列的技术创新，不断俘获新用户，让用户快速找到所求，这为百度做大市值，从千亿市值走向下一个千亿市值奠定了良好的基础。

李彦宏说："大家很快会看到，我们的云计算、语音、图像、自然语言处理等一系列技术会成为我们引领产业的关键，在这些技术平台上，必将涌现出更多对用户、对企业产生深远影响的产品。因为我们具备这样的实力！因为我们已经做好了准备！相信技术的力量，相信创新的力量，相信百度的力量，未来在我们手里！"

现在，百度已经悄然由技术型公司转化为服务型公司，除了不断深化发展安身立命的搜索服务之外，还基于强大的搜索技术，为广大客户提供多样化的服务。这些服务包括导航服务、社区服务、游戏娱乐、移动服务、站长与开发者服务、软件工具和其他服务等。有了这么多服务的支撑，百度的未来营收和未来市值将更加稳健。

中国互联网的流量控制者和批发商

5月，花海布满了边陲小镇腾冲，这里宁静葱翠、民风淳朴。不远处的高黎贡山上云蒸霞蔚、银河飞溅，随处可见地热温泉泡花滚动、白烟袅袅，满街的各式翡翠让人眼花缭乱、应接不暇。古时候，南方丝绸之路途经腾冲，让它迅速发展成为"极边第一城"。现在，"互联网＋"大潮涌起，让这个县城的传统产业不断加快转型升级。

2015年5月29日，第十届百度联盟峰会在云南腾冲开幕，主题为"移动纪元，联创未来"。

峰会期间，众多创业者、百度合作伙伴蜂拥而来，迅速将整个会场塞满，大家都引颈以待，想要聆听李彦宏对互联网产业发展的新观点。这时，在会场外还有不少腾冲当地的村民，他们挤在人堆里手捧土特产，希望与李彦宏当面交流，利用"互联网＋"和百度联盟的流量将土特产好好推广一番。

◎ 流量合作分成的商业模式

很快，李彦宏身着休闲装登场了，他首先说了百度联盟的历史和意义。他说："百度联盟已经有13年的历史，这次联盟峰会是我们第十次召开。随着互联网行业越来越大，每一次的联盟峰会上，我都会把我最新关于产业发展趋势的判断拿出来和大家分享。一年当中百度对外有两次重要的发布：一个就是联盟峰会，我会发表对产业的看法；另一个就是百度世界大会，向大家介绍百度的最新科技成果。"

接着，李彦宏分析，互联网的发展已经进入"不断整合，不断分化"的阶段。他说："互联网第一幕（PC互联网）已经结束了。现在是第二幕——移动互联网。移动互联网现在正处于一个让人兴奋，能够看到很多高潮，也有很多不确定性的阶段之中。

"未来经济发展有两种可能性，一是整合的趋势，二是结构的分化。在整合的趋势方面，每一个行业都有一个或者多个行业平台通过整合不断扩大自己的规模，最终占据整个市场份额。如'58和赶集'的整合，'滴滴和快的'的整合，整合的趋势一定会使这些平台更加的强大。在结构的分化方面，中国可能变成只有传统产业公司和互联网平台型公司这两种类型的结构。最近两年讲'互联网+'，所谓'互联网+'，就是任何一个传统产业跟互联网进行结合的话，其效率会有很大的提升。"

经过10多年的经营，百度已经成了中国互联网流量的控制者和批发商，百度联盟就是在这个基础上建立起来的。2002年，百度联盟正式成立，开启了流量合作分成的商业模式，并提出了"让伙伴更强"的发展目标。

在该合作模式中，百度联盟（主要业务为网盟推广）通过人群定向、主题词定向等精确定位方式，分析网民用户行为及网站页面内容，将最具竞争力的百度推广内容投放到网站相应的页面。网站通过网民点击该推广内容产生收入，网站主就可以从百度获得相应的分成。百度与其他合作网站设置分成比例，会根据合作伙伴网站的内容质量、流量、位置、合作时长，以及大联盟认证等级等众多因素不断提高分成比例。

简而言之，合作伙伴可以从百度联盟中获得流量，也可以分享百度的广告分成。百度推出的竞价排名服务，其基本特点就是按广告的点击率付费。百度通过百度联盟系统，把用户的广告投放到成千上万个合作网站的平台和页面上，最终提高了广告的点击率，提高了变现能力。

百度联盟正是通过这样的流量合作分成，让很多互联网创业者快速走向了成功。寻医问药网CEO郑早明、51用车创始人李华兵和58同城创始人姚劲波，都是与百度联盟合作创业中的佼佼者。

在百度联盟峰会上，寻医问药网CEO郑早明指出："寻医问药网想要做好大夫和患者之间的对接办事，而百度是最大的流量入口。在合作中，用户通过百度搜索和我们对接，我们又可以通过百度变现。"

有了百度的流量，很多事情变得更加容易，51用车CEO李华兵高兴地说："自从接入百度地图导入流量后，我可以进行精细化的拼车运营服务，真正做大做强。"

58同城创始人兼CEO姚劲波也坦言："58同城的第一笔收入就是来自百度联盟。我们跟百度联盟的合作，是一个不断发展的过程，每一次都很神奇，都给用户带来很不一样的体验。58同城的升级和进化，都与百度的一些服务很好地结合，我们的一些功能在百度搜索里面便可以完成升级。"

⊘ "互联网+"连接3600行

百度联盟通过10多年的高速发展，合作伙伴已经百万余家，现在百度联盟不仅要与线上的网站合作，还要与线下的传统产业合作，去主动连接传统产业，让传统产业实现"互联网＋"，不断提升产业效能。这样，百度联盟向生态合作伙伴提供的资源、支持、广告产品、变现方式等，将更加丰富多样。

李彦宏说："在'互联网+'进程中，互联网企业的使命，是扮演好'连接'的角色。中国互联网的未来，应该是让一些平台类互联网公司来连接3600行。让互联网的力量，帮助每一个生长在其上的行业更强大，帮助中国经济实现持续增长，这应是互联网企业的历史使命，也是互联网从业者的社会责任。"

百度如何连接传统产业呢？我们可以结合百度与医院的合作案例来做一个具体的分析。

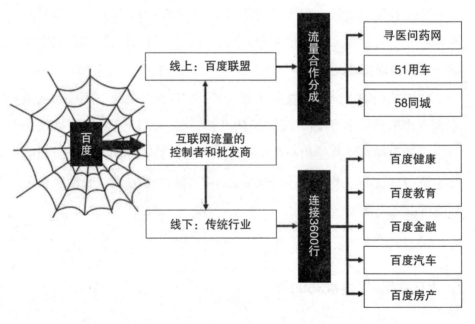

百度要连接3600行

为了让百度更好地连接传统医疗产业，李彦宏曾经和北京301医院的院长洽谈过合作事宜。

"医院如果也实现'互联网+'，效率会有很大的提升。"李彦宏表达了自己的观点。

"你们这个大数据技术很厉害，而且你们又懂互联网，咱们可以马上结合起来！"院长当即表示同意合作。

"你认为我们怎样合作更好一些？"李彦宏想听一听传统产业的想法。

"我们医院里有很多数据，比如几万甚至十几万病人的病例，大家就可以据此算一算，比如对于某一种病按照地域来划分，哪个地域的发病率会更高，这对我们调配医疗资源有很大的帮助。还有，你们网站平台也可以让我们实现远程诊治的目标。"院长认为在医疗数据和O2O医疗等方面，百度和医院存在很大的合作空间。

2015年1月，百度与北京301医院达成战略合作，推出了"网上301"平台，这是核心医疗资源与互联网的首次深度合作。在合作中，百度拿出流量与技术（包括移动搜索、云计算及大数据技术），而301医院拿出优秀医生资源，双方合作搭建了网上疾病诊疗平台。用户可以通过"网上301"实现预约医生、查看医疗档案、接受医生远程诊断等先进服务，进一步解决"看病难"的民生问题。

后来，与百度合作的医院越来越多，百度顺势推出了全方位的医疗服务平台——百度健康。现在，在该平台上，用户可以按疾病、按科室找医院，在网上实现快速预约、轻松挂号。目前，全国已有1.6万家医院在百度健康上为用户提供全面的医疗信息与服务。

为了推广网络挂号业务，在2015年3月召开的"两会"上，李彦宏以全国政协委员的身份提交了提案，建议取消部分地区对商业机构开展网络挂号业务的限制，借助社会力量优化医疗资源配置，提升医疗服务的质量和效率。因为网络挂号对方便群众就医、提升医疗行业运行效率具有重要作用。

除了连接传统医疗产业之外，百度还加紧连接教育、金融、汽车、房产等经济支柱型主流产业，陆续推出了百度教育、百度金融、百度汽车、百度房产等平台。如果未来百度发展成为连接3600行的互联网公司，那么百度将成为全球第一大媒体平台，也将再次实现李彦宏希望用技术改变世界的伟大理想。

李彦宏说："希望我做的事能改变大多数人的生活方式，让足够多的人受益，这是我的人生理想和目标。无论当初做搜信还是现在做百度，我看到每天有上千万的人在用自己的技术，大家从中受益了，我心里就特别高兴，觉得对社会做出了贡献。而且，现在这个社会越来越趋向合理，你对社会做出贡献了，社会也会给予你同样的回报。"

进军海外：靠更好的创新服务和搜索体验

商域无疆，企业在中国市场表现越好，就越想进军世界市场。与华为、联想、海尔等制造企业相比，"BAT"国际化也不甘示弱。可以说，百度的国际化战略有点儿像华为，靠核心技术突围国际市场，这些核心技术包括关键词搜索、图像搜索、语音搜索、人工智能等。阿里巴巴国际化战略有点儿像联想，通过投资收购，整合海外资源，共建产业生态系统。腾讯国际化战略有点儿海尔，以核心产品为武器，输出世界级名牌。巴西既是足球的国度也是新兴市场，因此成为百度国际化的重要战场。

在世界杯期间，欧洲球队在足球王国巴西捧走了大力神杯，与此同时，互联网中的"中国队"也来到了巴西，在两国领导人的共同见证下启动了百度巴西葡语搜索引擎。

↗ 百度葡语版搜索引擎：以最高的规格发布

就在德国队夺冠几天后，巴西当地时间2014年7月17日，中国国家主席习近平与巴西总统罗塞夫举行会谈，并共同出席了百度葡语搜索引擎发布仪式。

发布仪式设在巴西总统府里面。那是一座白色围廊悬空在外的建筑，彰显出当地的创新文化。当天中午，发布仪式开始后，中国国家主席习近平与巴西总统罗塞夫共同走到电脑前，在特制的大键盘上同时按下按钮，正式启动了百度巴西葡语版搜索引擎。这时，李彦宏西装革履在旁静候，片刻后，他以沉静娴熟的手法操作着笔记本电脑，在浏览器上展示出百度巴西葡语版搜索引擎的简洁首页。

为了验证百度巴西葡语版搜索引擎的强大搜索能力，李彦宏当场在搜索框内输入了首个葡语版搜索关键词"Brazil China"（即"巴西 中国"），然后点击搜索按钮，瞬间就搜索出了与"中巴建交40周年"主题相关的搜索结果。顿时，热烈的掌声回荡在巴西总统府的上空。

百度葡语版搜索引擎在巴西正式上线并提供搜索服务，成为中巴两国加强技术创新合作的一个重要标志。两国领导人共同出席百度葡语版搜索引擎上线仪式，对百度来说可谓是最高规格的发布会，也充分体现了两国领导人对技术创新的高度关注。

巴西与俄罗斯、印度、中国和南非合称"金砖五国"，是极具增长潜力的新兴市场。中国有很多企业（如华为、格力等）正在走向国际化，都谋求在这些国家的市场里寻求新的突破口，百度也不例外。为了更好地切入巴西搜索市场，百度多年来不断创新，苦练"内功"。

百度葡语版搜索引擎先后整合了百度旗下hao123（上网导航）、Spark Browser（百度浏览器海外版）、百度杀毒（拥有"深度学习"查杀技术）、百度卫士（智能化电脑安全防护）等核心资源和系统工具，以人工智能搜索技术和百度云大数据作为基础架构，为葡语搜索服务提供强效的技术支撑。

2014年7月，李彦宏作为中国互联网唯一代表随国家主席习近平一同访问巴西，并与巴西科技和创新部签署了战略合作协议。

根据合作协议，百度不仅要通过先进搜索技术"连接人与服务",为巴西网民"找到所求",还要扮演"连接创新"的角色。这也就意味着百度将在互联网技术研发、人才培养等方面,利用强大的全球研发实力和产业影响力带动巴西互联网产业发展。

百度葡语版搜索引擎上线几个小时后,李彦宏就高兴地给国内的百度员工发邮件报喜。

李彦宏说:"在葡语版搜索发布之前,百度的国际化已经崭露头角。hao123已成为巴西人民最常用的导航网站;巴西用户也已经在使用我们的杀毒软件、安全卫士等产品;百度贴吧在巴西也有了葡语版,很受巴西人民的欢迎,帖子总量已经达到68万个。我们的PC端导航、安全和优化类产品在巴西已经拥有超过30%的用户渗透率,在泰国这个数字更是超过了40%。在移动端,百度的产品已经开始服务于印尼、巴西、泰国、印度、美国和菲律宾的广大用户。"

对于百度国际化的终极目标,李彦宏早有规划,他期待着让百度服务全球互联网用户,占据50%的世界市场。

李彦宏说:"不仅仅是巴西,我们正在越来越多的国家,让更多的网民最平等便捷地获取信息,找到所求。用技术改变世界,消弭信息鸿沟,让更多人受益于信息科技的创新力量,这是百度和百度人使命所指,也是我们的机遇所在。

"我们不仅向全世界输出最好的中国制造,也开始向全世界输出最前沿的技术和创新。我坚信,百度多年来一直坚持的技术创新和积累,一定会在世界范围内发挥越来越重要的作用。我们期待着让百度服务于全球互联网用户,在全球一半以上的市场成为家喻户晓的名字。"

从百度葡语版搜索引擎上线这一事件中,我们可以分析出百度进军海外的策略,那就是依靠更好的创新服务和搜索体验。这些经验都是靠血的教训得来的,因为百度国际化,曾经折戟日本。

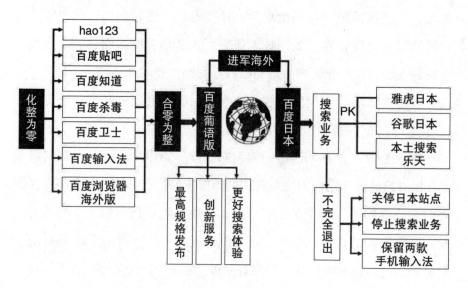

百度进军海外的策略

📤 百度日本："不完全退出"

2015年的一天，李彦宏站在东京都市中心酒店的窗前，透过玻璃幕墙向外望去。不远处，日本第一大高峰富士山，耸峙入云，犹如玉扇倒悬，山巅白雪皑皑，与山麓草木葱葱形成鲜明的对比，给人以远离尘嚣之感。

李彦宏知道，眼前的平静只是搜索大战前的假象。就在这一年，面对雅虎日本、谷歌日本和日本本土搜索的多方夹击，百度日本节节败退，最后于2015年4月18日正式关闭。

百度2006年9月正式启动日本项目。当时，李彦宏错误估计了日本搜索市场的竞争程度。当时，李彦宏还高兴地说："日本市场的竞争并不是那么激烈，日本市场的格局多年来没有变动，就是雅虎和谷歌这两家非日本公司在做。我觉得从日本消费者的角度来考虑的话，多一个选择是有好处的。"

百度进军日本搜索市场后，李彦宏坚持走本土化路线，因为他坚信日本人更懂日本人的搜索需求。李彦宏说："不要把百度进军日本的行动看成国际化，如果非要用'化'来说事的话，应该叫本土化。进入一个新的市场，需要前面多年来在技术、人才、产品、运营上的经验，同时也需要当地人告诉我们什么是那里的人需要、看重并且能看懂的。百度在中国的成功是因为我们更懂中国，并更愿意懂中国；在其他国家成功，也需要愿意懂那些国家。"

为此，百度日本积极物色总裁的人选，但是"千军易得，一将难求"，直到2008年8月才从雅虎日本挖来了前高管井上俊一作为百度日本的总裁，当时百度日本提出的目标是成为仅次于雅虎日本的第二大搜索引擎。

然而，百度日本在日本开展的多项业务，都遭遇了各种各样的阻碍。在日本搜索市场，雅虎日本一家独大，究其原因，雅虎日本的成立时间要比百度日本早得多，而且雅虎日本的创始人是地道的日本人孙正义，可以说日本人更懂得日本网民的搜索需求。还有，日本网民的搜索行为是相对保守的，在有了雅虎日本和谷歌日本两个比较好用的搜索之后，日本网民再无兴趣试用百度日本和本土搜索乐天了。

历经7年的艰难攻伐，百度日本的生命最终走到了尽头，就像樱花陨落飘散一样，最后李彦宏做出"不完全退出"日本搜索市场的决定。百度关停运营了7年的日本站点baidu.jp，停止了在日本的搜索业务，但保留了百度日本办事处，因为这个办事处仍旧运营着百度研发的两款输入法：Simeji（基于iOS手机系统的输入法）和Baidu IME（同时适用于Android和iOS手机系统的百度日文输入法）。李彦宏这种"不完全退出"的做法，为日后百度重归日本留下了最后一扇门。

百度日本折戟海外，最大的经验就是，国际化充满政策风险和市场风险，并不是有了雄厚的资本和本土化战略就能成功。百度先折戟日本，再扬帆巴西，靠的还是更好的创新服务和搜索体验。

在日本，百度以搜索业务直接进军日本市场，结果不了了之。正所谓"经一事，长一智"，后来百度学聪明了，在进军海外搜索市场时，先输出优势资源和核心技术，最后再启动搜索业务。事实证明，百度在巴西、越南、泰国、印尼、马来西亚等国家进行国际化布局，都是将百度搜索引擎化整为零，利用hao123、百度贴吧、百度知道、百度杀毒、百度卫士、百度输入法、百度浏览器海外版等一系列软件和应用先行先试、分兵突进，接着不断培育市场、步步为营、夯实基础，最后再找到一个合适的时机把这些软件和应用全部整合起来，合零为整推出搜索业务。

由此，我们可以看出百度进军海外的策略，已经走上了一条从"化整为零"到"合零为整"的路线，宜合则合，宜分则分，最终都是为了给全球用户提供更好的创新服务和搜索体验。

李彦宏说："在埃及、泰国、马来西亚、巴西等国家，我们有当地语言的服务，有大约每月3千多万海外用户在使用百度，所以我们正处于实现国际化的过程中。再给我们一点儿时间，我们会把没有满足好的中文需求，以及正在发展中的其他语种需求做得更好，之后就会进军英文市场。"

第3章

人才之争：

最值钱的还是人才

互联网公司最值钱的不是房产，不是服务器，而是互联网人才。

——李彦宏

招最好的人，给最大的空间

　　2013年7月的一天，东方渐白、晨风习习，李彦宏像平常一样，很早就起来，坐车去上班。很快，轿车离家而去，进入车水马龙的街道，快速驶向北京市海淀区上地科技园区的百度大厦。

　　在创立之初，百度是没有这样高大上的自有办公楼的。当时，百度只能租用北大资源楼宾馆，后来发展好了，百度才搬到中关村理想大厦办公，现在百度已经在上地科技园拥有了自有办公楼"搜索框"。这一切来之不易，是无数员工共同努力的结果。在企业发展中，员工只有与企业同呼吸、共命运，才能享受更多成就感与荣誉感。李彦宏以前在美国硅谷打工，现在于国内创业，每天早出晚归已形成了习惯。

　　轿车驶进上地科技园区，高大的百度大厦就矗立在面前。这座由"鸟巢"的设计者操刀设计的大厦，总体上呈"目"字形，是一个长方形的框架结构，所以被人们称为"搜索框"。整个大厦的外立面采用蓝色的玻璃幕墙，与蓝天浑然一体。在大厦前面是灰褐色的银杏和众多用于绿化的花草苗木。

　　正所谓"栽下梧桐树，引来金凤凰"，有了良好的办公环境和人才观，百度就可以吸引大批人才到这里工作。2009年，李彦宏带着百度员工搬进这个大厦，就希望百度大厦能成为世界互联网创新的基地，愿这个"搜索框"成为每一个百度人实现理想、报国为民的一个好的平台。

↗ 两个惺惺相惜的"实习生"

为了让每一个百度人都能在就职期间实现理想，李彦宏每天都会腾出1/3的时间去培养人才。李彦宏说："我在时间分配上基本上是3块，各占1/3，1/3时间研究技术，1/3时间培养人才，还有1/3时间去应酬，做一些我自己不想做但又不得不做的事情。"

经过发掘和多年培养，眼下时机已经成熟，所以李彦宏今天要做出一个重要的决定：提升一位"80后"的年轻人为百度副总裁。

2013年7月31日上午，百度发出内部邮件，正式宣布晋升李明远为百度副总裁。1983年出生的李明远，不到30岁就成为百度历史上最年轻的副总裁，让IT界一片哗然。

从李明远的晋升之路，我们可以看出百度"任人唯贤"的人才观。李彦宏说："百度有这样的人才观念，可以用4句话来描述：第一是招最好的人，第二是给最大的空间，第三是看最后的结果，第四是让优秀的人脱颖而出。"

正是在这样的人才观下，李明远才得以脱颖而出。

李彦宏热衷于通过校园招聘招来大批实习生和员工，所以百度员工的平均年龄只有26岁。李彦宏经常对这些年轻人说："我非常喜欢年轻人，虽然我自己不再那么年轻了，在公司里我不断地给大家讲，一定要给年轻人更多的机会。"

在百度公司，似乎年轻人很"得势"，那么老员工要做什么呢？李彦宏常和年龄超过40岁的副总裁讲："一个人的创造力高峰是在30岁以前，你们全都过了创造力最高峰，你们现在天天不是想自己做更多更好的事，一定要想着吸引优秀的人才，让他们做更多更好的事。"

正是在这种"吸引优秀年轻人才"的理念下，李明远才有机会进入百度公司。

2004年，稚气未脱的李明远以实习生身份加入百度公司。李明远毕业于中国传媒大学，既不是技术出身，也没有什么过人的背景，但他却是一个有冲劲、有创意的年轻人。这跟李彦宏当年在美国松下实习有些相似，所以李彦宏在他身上看到了那个似曾相识的"自己"，他俩的关系似乎有点儿惺惺相惜的意味。

1993年5月，美国纽约州立大学布法罗分校开始放暑假，对成绩优异的李彦宏来说，应付学业是绰绰有余，于是他就想找份暑假工。李彦宏先在网上搜索各个公司的招聘广告，然后投递简历过去。很快，有一家叫Matsushita的公司给他回复邮件，邀请他在5~8月放暑假期间，去他们公司做实习工作。

去实习那天，让25岁的李彦宏喜出望外的是，原来Matsushita公司就是大名鼎鼎的、世界500强企业日本松下（Panasonic）的美国公司。Matsushita是日文直译的结果，所以李彦宏原以为是个小公司。

在这个大公司里，李彦宏感觉"永远都不会累"，浑身上下流淌的都是激情与干劲。在忙碌紧张的工作之余，李彦宏还做起了小研究。李彦宏利用自己在学校里学习的计算机知识，结合松下电器的工业化流程，提出了一种提高识别效率的算法。这种算法大大提高了松下美国公司的工作效率。

当时，松下美国公司的领导很高兴，不仅给李彦宏开出每小时25美元的"高工资"，而且在8月底李彦宏实习结束要返回学校时，松下美国公司还继续聘用他做兼职。后来，李彦宏把提高识别效率的算法这一研究成果发表在国际权威学术期刊《模式识别与机器智能》上。从此，李彦宏凭借着自己的实习经历和科研论文，顺利进入华尔街道·琼斯子公司工作，后来又跳槽到硅谷搜信等知名公司。

讲完了李彦宏的实习经历，我们回过头来说一说李明远凭什么成为百度副总裁。

2004年，李明远从中国传媒大学广播电视编导专业毕业，以实习生身份加入百度，正好赶上百度新一轮的发展机遇。当时，百度从软件供应商转型为综合性搜索引擎，为了上市提高市场估值，百度进行着各种各样的尝试。百度贴吧、百度知道、百度百科等产品纷纷上马，为了加快发展，有冲劲、有想法的年轻人李明远自然进入了李彦宏的"法眼"。

在产品开发方面有创意很重要，但能执行这个创意的人也很重要。在做百度贴吧的时候，李彦宏的创意是：结合搜索引擎建立一个在线的交流平台，让那些对同一个话题感兴趣的人们聚集在一起展开交流。说白了，贴吧就是以不同的关键词建立起来的拥有不同主题、不同兴趣的"交流社区"，它既能与百度搜索技术紧密结合，又能对用户需求进行分门别类，集中展示。

李明远根据这个创意，对百度贴吧进行了设计规划，先后规划出了个人中心、文字直播贴、图片贴吧、贴吧群聊、吧刊、明星贴吧、视频直播贴等产品体系。

李彦宏发现李明远的"规划才华"之后，马上提拔他为百度贴吧的首任产品经理。李明远果然不负众望，最终把百度贴吧发展成为全民互动的中文社区。后来，李明远又负责规划设计百度知道、百度百科等板块。

随后，李明远势如破竹：2006年，他组建并管理百度用户产品的市场运营体系；2007年，他又负责组建百度历史上首个独立事业部——电子商务事业部。在百度公司，李明远善于利用资源、整合资源，是一个"做什么都能成功的人"，这让很多老员工"羡慕嫉妒恨"。

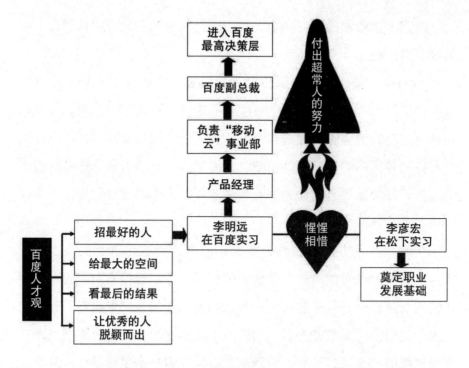

百度的人才观

付出常人无法付出的努力

年轻人一旦取得了成绩，摆在他面前可供选择的机会也就越来越多。

2010年的一天，李明远对李彦宏说要出去"充电"，对于员工这种求学上进的请求，李彦宏自然很高兴地同意了。后来，李明远在中欧国际工商学院进修，最终获得了工商管理学硕士学位。

2010年8月，UC优视（中国领先的移动技术及应用服务商）将李明远挖走，让其担任UC优视产品副总裁，负责设计新的移动互联网SNS平台——UC天堂，并管理该公司的多项业务。

虽然李明远在UC优视受到重用，但是离开了百度公司这个强大的资源靠山后，他显然有些水土不服，在UC优视做的一些业务并不算很成功。

为了让李明远重新回到百度，李彦宏多次与李明远促膝长谈，一方面开出包括高薪酬、股权等在内的诱人条件，另一方面给以无限的发展空间。李彦宏通过自主创业成为百度公司董事长兼首席执行官，除了这两个岗位之外，李明远作为职业经理人，完全可以在百度获得最大的发展空间。

虽说"好马不吃回头草"，但是李明远在李彦宏的劝勉下深受感动。2011年11月，李明远再次加入百度，负责百度的"移动·云"事业部。

近年来，李彦宏的规划目标就是开足马力做移动搜索业务。那么怎么做呢？李明远的做法跟百度做PC搜索一脉相承，那就是做综合性平台，提供更好的服务。对此，李明远信心十足地说："谁控制了分发渠道，谁就控制了开发者，谁控制了开发者，谁就控制了移动互联网的生态系统。"

在这种逻辑驱动下，2013年7月，百度毫不迟疑地收购了91无线，控制了国内手机应用的分发渠道。就在收购完成的当月，李彦宏大胆地提拔李明远为百度副总裁。

在百度强大资源的支持下，李明远又斩获良好业绩。2014年第一季度，百度移动业务营收在整体收入中的占比已超25%，手机百度用户量突破5亿，百度91在移动分发市场中份额超过40%。

为了增加移动业务在百度总体业务中的话语权，2014年7月百度又宣布将副总裁李明远晋升为E-Staff（百度最高决策层）成员。李明远一年一提升，从副总裁进入了百度的最高决策层。这时，他与李彦宏一起，负责百度公司的战略规划和运营管理。

李明远，一位"80后"实习生，不到30岁就被任命为百度副总裁。很多人都希望循着李明远的轨迹，在百度实现火箭式的提拔。

对此，李彦宏认为，那是因为李明远付出了常人无法付出的努力，前后10多年，才从实习生成长为副总裁，正是"十年磨一剑，功到自然成"。

李彦宏说："成为李明远很难，当然如果你愿意付出常人无法付出的努力，你也有可能在30岁之前成为副总裁，这一点对每个人都是平等的，虽然成为这样的人不容易，但是每个人都有这样的机会。

"不是其他的外界、客观的环境会影响你走上成功之路，而是你自己可以决定能不能进入这样一条道路。在百度，人才培养是招最优秀的人，给最大的空间，看最后的结果，让优秀的人才脱颖而出。这些人本来就非常优秀，然后给他空间，让他施展，同时要看他是否真的做出了好的业绩，如果做出来了，我们就一定要让他脱颖而出，整个过程就是这样的逻辑。"

放权、试错与创新

2009年11月30日，暗夜来袭，很多在中关村科技园里上班的人早已回到温暖的家。此时，百度大厦却依然灯火通明，"百度"LOGO在射灯的映照下，显得格外明亮。玻璃幕墙上那蓝色的熊掌和红色的字对比分明，让人难以忽视。现在，百度员工正在加紧奋战，不停地测试、修复、上传程序包，誓要将百度竞价排名系统全部切换为百度凤巢系统。

这一天是李彦宏度过的非常漫长的一天，就像等待一个婴儿出生一样，除了等待别无他法。过去的种种纠结，现在已经不再重要，因为李彦宏已经力排众议下达了切换系统的"军令"。

⚐ 换心手术：竞价排名切换为凤巢系统

2009年，有媒体曝光了一些虚假医药网站欺骗通过百度搜索访问网站的消费者，这让百度的竞价排名系统饱受诟病。为了整治医药广告竞价排名的乱象，百度建立了一整套审核网站合法性的体系，凡是没有医药许可证的网站统统下线。即使医药用户能提供正规医药许可证，还要通过百度总部严格的审查后方可上线。百度各分公司运营部门的员工早上8点就提前到公司处理不合格医药网站关键词的下线工作。

执行"清网"一段时间后，李彦宏发现这种靠内部员工手动屏蔽虚假医药广告的做法治标不治本，一旦数据量增大，难免有漏网之鱼。于是，李彦宏重新分析了竞价排名系统，认为不能再单纯按照竞价来排名（即同一关键词谁出的价格高就把谁的广告排在前面），还需要多考虑一些非价格因素，例如质量得分、相关度、点击率等。

竞价排名已经被媒体妖魔化，于是李彦宏需要快速迭代，将其全面替换为百度凤巢系统。凤巢系统取自筑巢引凤，寓意是只要做出好产品，用户自然就会到来。百度凤巢系统早在2007年10月就已经启动研发，并与竞价排名执行双系统并行多年。

2009年，媒体曝光竞价排名系统的问题后，更加坚定了李彦宏将百度竞价排名系统全面切换为百度凤巢系统的决心。没想到，李彦宏这一举动居然遭到很多下属的反对。

"要踩就把竞价排名这辆车的刹车踩到底，给百度换个引擎！"在百度季度总监会上，李彦宏果断提出中止竞价排名系统的想法。

他这种做法无疑是自断财路，因为在两套系统并行期间，百度的主要收入还是来自竞价排名系统，而百度凤巢系统仅有20%的收入。

"现在，只有很少客户认识到了凤巢的好处，大多数人仍然喜欢出钱买排名的简单方式，强行切换系统一定会带来客户流失，以及业绩下滑！"有的副总裁为了保住客户和业绩，率先提出反对意见。

"以前百度的所有升级都是在高速路上开着车换轮胎，这并不影响百度的总体速度。可是，这次百度却是在高速行驶中换发动机，如果发动机失灵，百度这辆车就会爆缸抛锚。"有人做了个形象的比喻，认为正在高速发展的百度突然切换凤巢系统实为不妥。

"现在，我们要在百度的心脏上动刀子，这好比把一个40岁的壮汉推进手术室，硬要为他换一颗18岁的心。年轻的心脏虽然动力强劲，但是手术的过程却是非常凶险的，血液循环系统随时可能发生排异，导致心脏休克，乃至危及生命。"有的副总裁担心如果切换凤巢系统这个换心手术不成功的话，百度就不存在了。

下属的反对声并没能改变李彦宏的想法。这次切换，李彦宏冒着很大的风险，也做了最坏的打算：如果切换不成功，百度将失去百位技术人员、数千名客服人员、数十万客户和数百万的关键词，同时百度每年几十亿元的收入也将受到影响。一些用惯了竞价排名系统的客户在试用了百度凤巢系统之后，顽固不化地说："虽然新系统有很多优点，但原有的竞价排名还是非常好用，你们百度不能说停就给停了，否则我们就不再做百度推广了。"

"凤巢一定要切换，切换的时间就定在2009年12月1日！"最后，李彦宏力排众议，面色如铁地下定了决心。

"罗宾，你到底在想什么？万一失败了怎么办？"有的副总裁还是很激动，希望能力挽狂澜。

李彦宏知道很多下属之所以反对切换，一是切换系统有很大的风险；二是这个责任确实太大，让很多人望而却步。所以，他需要主动来承担这个责任。李彦宏说："这个责任确实太大，我不来担，没人担得了。而我敢担这个责任，是因为我知道，在百度能力所及的范围内能实施切换，这并不属于赌博，因为我相信我们能赢。"

见到李彦宏如此决绝，其他下属再也不说什么了。

"军令"下达几分钟后，百度的技术人员、客服、销售和运营人员纷纷行动起来，为实施全面切换凤巢系统而奔忙。

该来的迟早要来，该过的坎迟早要过。2009年11月30日，这一天终于来了，凤巢团队已是严阵以待，就等李彦宏下达最后的上线指令。当天00：00，李彦宏下达了切换指令，他在电脑面前，一会儿盯着前台，一会儿盯着后台，等待着凤巢系统成功切换，就像盼着孩子出生的父亲一样专注、沉静。

凌晨2：30，凤巢团队挑灯夜战，完成了百度凤巢计费系统的上线工作，随后凤巢团队通过反复测试检查，让竞价排名经典版彻底退出了历史舞台。

6：30，凤巢团队一部分人盯守着电脑不容出现任何差池，另外一部分人去饭堂吃早饭，回来再换下盯电脑的那一部分人去吃早饭。这时百度凤巢推广平台正式开启服务，开始接受客户的正常注册。

7：55，百度凤巢系统各项功能全部检查完毕，基本正常，极个别漏洞也在紧张修复中。

8：12，百度凤巢智能排序系统成功载入，价格因素和非价格因素（如质量得分、相关度、点击率等）同时加入权重排序，即通过复杂的加权平均数计算，对客户的广告做出客观、公正的排序。

这时，太阳升起了，暖暖的阳光照在"搜索框"大厦上，筋疲力尽的员工们在2009年12月1日成功将竞价排名系统切换为百度凤巢系统。

从2007年到2009年，不断进行的需求分析、市场调研、产品规划、界面设计、程序开发、系统上线、产品培训、客户沟通与优化讨论，最终带着百度的几十万客户进入了全新的凤巢推广时代。

在这个凤巢推广系统里，已不单纯按照竞价来排名，广告排序也不再是价高者得，一些虚假广告网站在百度越来越难以找到生存空间。

当年，在切换凤巢推广系统后，确实给百度业绩带来了一定的影响，百度的股价也不断走低。但经过一段时间的阵痛之后，网上虚假广告近乎绝迹，媒体风向开始转向支持百度的改革，越来越多的用户也认可了百度凤巢推广系统。随后，百度的营收重新焕发活力，股价也随之大涨。2010年4月，在第一季度财报中，百度的净利增长高达165.3%，百度股价在交易中也突破700美元每股的历史高位。

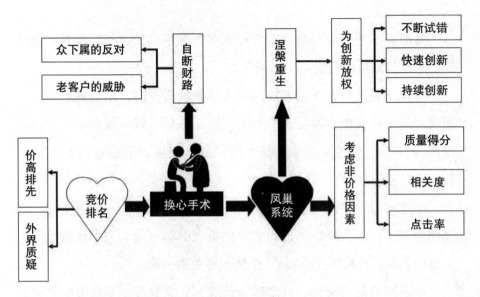

竞价排名切换为凤巢系统

⏎ 用新人做新的尝试

经过"强行换心手术"这件事情之后，有不少人说李彦宏是强势的管理者。后来，李彦宏的管理变得温和了不少，最明显的特点就是用新人做新的尝试。即使下属很年轻，很多想法不成熟，李彦宏也会适当放权，放手让他们去创新。但他们出现问题时，李彦宏也会从中提醒。

百度最年轻的副总裁李明远，虽然是个"80后"，但是李彦宏对李明远委以重任，让他负责百度"移动·云"业务。

有一次，李明远利用自己的人脉关系，迅速将百度"移动·云"业务的团队从几百人扩张到几千人，而且招来的很多人都有点儿像李明远。这时李彦宏及时提醒李明远不能这样"复制自己"，他对李明远说："招聘的重点或者关注方面应该在是否能推动技术创新，而不在于是否像自己！"

有时候李明远觉得李彦宏管得太多、管理太细,让他没有发挥空间,于是就喊冤似的说:"你别管了!"

放权不是放任,李彦宏在用新人做新的尝试时,不会置之不理。而是一般会从其他方面提出一些新问题,好让年轻人在做事时能考虑得周全一些。当然,李彦宏与下属对某个问题的看法也有相左的时候。这时该怎么办?

李彦宏说:"我与下属意见不一致,那怎么办?一般听他的。如果他做对了,这很好,他比我更懂他负责的那一块。如果他做错了,那也没关系,再按照我的idea(想法)再去做一遍。"

在不同的发展阶段,百度都会开展一些新业务,李彦宏也大胆起用新人,给他们充分发挥个人能力的空间。对于年轻人做出来的东西该如何评定呢?李彦宏喜欢用数据来说话,有些新业务在发展质量和创新速度上存在问题,经常要被关停。有的业务关停后,李彦宏还会用新的思路再进行尝试。

从强势到放权,李彦宏心中自有一杆秤,当某些系统或者功能暴露出的问题影响到百度的声誉时,就算有再多人反对,李彦宏还是会坚持己见。从竞价排名系统切换为百度凤巢系统,这是一个极具危险的"换心手术",在这次切换中,百度先是"自断财路",然后再"涅槃重生"。如果百度不切换新系统,任由无良商家利用竞价排名系统的漏洞蒙骗消费者的话,就没有百度后来的长期稳定发展。

李彦宏在"用新人做新的尝试"方面很懂得放权,先按照员工的思路做,不成功再按照自己的创意做,这是一种试错的勇气,也是给年轻人施展才华的机会。对于年轻人,李彦宏既信任、提拔,又从中点拨、支持。如果连让年轻人试错的机会都不给的话,那么百度持续创新、快速创新就无法实现,因为互联网的创新往往是从无数次的试错中得来的。

最优秀的人有3个标准：认同、胜任、学习

3月的深圳，春暖花开、游人如织，位于深南大道上的五洲宾馆，犹如一只展翅欲翔的雄鹰，傲立在天地之间。2013年度深圳IT领袖峰会在这里召开，李彦宏在会上再次见到了阿里巴巴的创始人马云。

⟳ 没做过老师的人怎么做老板

2013年3月31日，马云穿着橙色的毛衣，在台上挥舞着手指，进行了激情洋溢的演讲。坐在台下的李彦宏若有所思，觉得马云讲到了很多IT企业发展的痛点，那就是人才短缺，不少老板似乎要干到死都不能退休。

马云可谓是半路出家的管理高手，他先做老师再做IT，特别喜欢唐僧团队，搞起了中国式合伙人制度，崇尚武侠文化并构建了阿里巴巴的六脉价值观。

在这次IT峰会上，李彦宏近距离接触马云，想当面请教马云一个困扰自己很久的问题。

李彦宏认为，百度在技术上比较强，腾讯在产品上比较强，而马云在管理上非常强。马云一直就讲，他是老师出身，所以比较适合做老板，教人怎么做，之所以他能退休就是因为他能教出很多能干活的

人。面对马云，李彦宏提出了自己的问题：没做过老师的人怎么做老板？

马云观察了一下李彦宏，发现他穿着米色西装，一脸沉静的样子。

于是，马云结合自己的经历回答道："我觉得好的老师有三个原则：第一个原则，好学生不是教出来的，是发现。第二个原则，学生要的，就是你应该做的。第三个原则，要相信你的员工会超过你，找到会超过你的人，并且把所有人生经历给他。

"当时，我们一堂课50分钟，而我总是提前5分钟下课，这样做学生很开心，而我能做到的就应该做到。当老师很重要的是发掘人的潜力，一个优秀的老师和优秀领导者一样，是发现那个员工他自己都不知道的才华，并且把它用好。

"训练人是什么意思呢？如果这个人特要面子，那你要把他的脸在地上当拖把一样拖来拖去。如果这个人心胸特别狭窄，你要让他生闷气生3个月。因为这是你的职责。我不在乎你在我们公司待多久，但是在一天，你就得自己痛苦、自己难受，自己寻找快乐。会舔自己伤口的人才适合当老板。

"李彦宏也做得不错，如果做得烂的话，怎么会有这么好的百度。其实每个人风格不一样。把搜索引擎搞成这个样子，我是没有这个本事。"马云认为，没做过老师的人要想做好老板，就要发现人、训练人、用好人。对此，李彦宏牢记于心，为了从源头上发现更多人才，每年他都会去高校演讲，同时百度的校园招聘活动也同步举行。

演讲时，李彦宏曾多次讲到百度招人的三大标准："最优秀的人有3个标准，第一点是认同百度的文化，如果你与别人格格不入，我们不要；第二点是能胜任你需要做的工作，这需要一定技能；第三点最重要，要爱学习，要有很好的学习能力。如果你具备这3点，我们非常欢迎你到百度来。如果你这3点做得好，你就能脱颖而出。百度给年轻人的舞台相当不错，我们好几个副总裁都是30岁左右升到高管的岗位。"

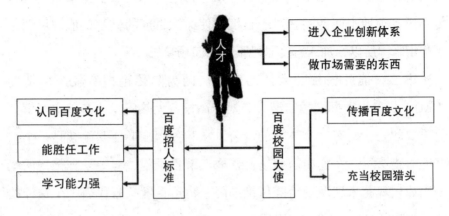

百度公司的招人标准

⏺ 招募校园大使充当"猎头"

在招人方面，百度公司除了直接到校园招聘人才之外，还招募了不少校园大使充当"猎头"。

百度公司曾经与电视台合作，推出了《中国职场好榜样》节目，用于选拔校园大使的职位。这些校园大使可不简单，他们将在高校中代表百度公司，一边帮助学生了解百度的运作模式、公司文化、管理理念、招聘需求、岗位职责，一边协调百度公司完成校园招聘工作的开展和推广。可以说，校园大使承担了猎头的职责，即在各大高校中寻找百度公司最急需、最具发展潜力的求职者。

一般人想成为百度校园大使可不是一件容易的事，因为这个职位跟百度公司的其他职位一样，同样要吻合李彦宏提出的3个标准。2011年，"奋斗姐"陈传艳曾经在《中国职场好榜样》电视节目上斩获校园大使的试用期PASS卡。那么，她是怎么做到的呢？

第一，认同百度的文化。陈传艳来自普通农家，原本是上海一家公司的客服人员。她是李彦宏的"铁杆粉丝"，经常手捧李彦宏的自传不厌其烦地来回翻阅，对于百度的使命和百度的核心价值观可谓是了如指掌。所以，加入百度是她最大的职场梦想。

第二，能胜任校园大使的工作。因为陈传艳拥有较高的情商（EQ），善于发掘同学的潜力，对于高校各大热门专业有基本了解。更重要的是，她有一个体贴的老公，从某种程度上证明她就是一个很好的"猎头"。在《中国职场好榜样》节目录制过程中，陈传艳的老公手捧玫瑰花来到现场给陈传艳助阵，也给百度招聘代表一个这样的印象：陈传艳找人的眼光很不错。

第三，拥有很强的学习能力。在学生时代，陈传艳每天上自习到深夜12点多才回家，终于考上了一所中专，学习美术专业。虽然她没有美术功底，但是她拥有超强的学习能力。经过长时间的学习与训练，她的书法水平获得很大提高。在《中国职场好榜样》节目录制现场，陈传艳手持毛笔写下了"追梦"二字，既表明心志，也证明自己的书法水平。中专毕业后，陈传艳到一所小学实习，接着考上了湖北一所高校。后来，陈传艳只身到上海打拼，在人才济济的上海找到了自己的一席之地。这些说明，陈传艳拥有很强的学习能力。

正是有了这些标准，陈传艳来到了《中国职场好榜样》第八期的舞台上。很快，紧张的面试就开始了。

"百度人才校园大使这个职位对你有什么意义？"百度招聘代表询问她的求职动机。

"只要活着，就可以尝试。没有什么可以打倒自己！我想告诉所有的大学生：招聘企业的这些HR没有什么可怕的，要展示你们最真实的一面，不要把他们当作法官，要善于表达真实的自己。"陈传艳认为求职是一种勇于尝试的过程，在尝试中只要展现自己真实的一面即可。

还没等百度招聘代表想好下一个问题，陈传艳就先发制人，当场反问百度招聘代表："如果未来我可以在百度好好工作，付出我自己最大的努力，在未来的五年里我可以做到领导的职位吗？"

"以你的能力和你的生活态度，何止是领导，总监的位置都等着你！百度人才欢迎你！"看到眼前这位积极进取的女孩，百度招聘代表无法拒绝她的请求。

陈传艳既吻合百度公司的3个用人标准，在面试现场又有出色的表现，所以她获得了百度公司校园大使的试用期PASS卡。

不论你是帅哥还是美女、校花还是校草、刚毕业的学生还是职场新人，只要你符合百度公司这3个用人标准都可大胆去尝试加入百度，去创新，去发挥光和热，去实现自己的人生价值。

李彦宏说："进入市场和企业界有很多创新的空间，在全世界各个国家都是这样。如果我们能够鼓励有创新能力的人进入企业界，做市场上所需要的东西，去冒险，去拼搏，这个国家才有希望，才能够在世界市场上和别人平起平坐，能够竞争。"

鼓励年轻人去创业

2010年年底的一天，中午时分，百度大厦的食堂里香气弥漫，碗筷交响，人声鼎沸。饥肠辘辘的男青年和喜爱美食的姑娘们纷纷涌进食堂，挑选自己喜欢的饭菜。

这时，李彦宏款步来到食堂，显然他也要在这里完成"果腹大事"。当天，李彦宏穿着红色衬衫，外套黑色保暖背心，是典型的"红与黑"搭配，他的身后跟着一位穿着卫衣、拥有一头栗色卷发的美国人。两人分别点了菜后在食堂一隅迅速用餐，然后匆匆离去。

好奇的人们面面相觑，开始谈论这个美国人的身份，后来被证明是脸书的创始人马克·扎克伯格。马克·扎克伯格这次中国之行的保密工作做得滴水不漏，以至于他突然来到百度食堂用餐，很多百度员工还蒙在鼓里。

⊘ 脸书对中国虎视眈眈

可以说，脸书对于庞大的中国市场一直虎视眈眈。马克·扎克伯格与李彦宏私交甚好，所以在"微服私访"中国期间，他来百度公司开展交流也算是正常的举动。除了拜会百度公司之外，脸书的产品经理团队还走访了小米、腾讯微信、创新工场等公司。可见，脸书进军中国的意图越来越明显。同时，马克·扎克伯格夫妇也一直在努力学习汉语，以方便日后的沟通。随后，脸书又委托猎头公司招募中国区的管理人员。因为脸书已成立了亚洲项目团队，还从谷歌中国招募了多位资深工程师。

如果脸书与百度合作进入中国市场的话，可以选择与百度现有的百度图片和百度贴吧进行合作；如果脸书选择单飞的话，可以另建新站，然后进入中国市场。同时，他们可能会挖走百度的不少技术人员。

对于很多公司来百度挖人的现象，李彦宏早有警觉，他说："现在创业潮非常火热，有各种各样的风险投资（VC）在百度大厦旁边的咖啡馆里长期驻扎，天天在那里和我们的员工谈，想把他们忽悠出去创业。风险投资商觉得，一个黄金的创业组合是什么呢？就是一个百度搞技术的人，加上一个腾讯搞产品的人，再加上一个阿里巴巴搞运营的人，这样的人拿到创业资本是最容易的。"

在全民创业时代，李彦宏并不反对年轻人离开百度出去创业。他说："如果今天这个年轻人，看到了属于他的机会，我会毫不犹豫鼓励他去创业。如果他没有看到这样的机会，那是无病呻吟，失败的概率太大了，而且遇到困难的时候他会坚持不下去，会动摇，会忘掉当初干这个事情为了什么，那我觉得就不应该了。"

年轻人从百度公司出去创业，做什么项目好呢？李彦宏认为，还是不要硬碰硬地跟百度对着干，而要学会"捡漏"，尝试做一些百度公司不看好的业务。李彦宏说："10多年前，搜狐、新浪、网易已经是三大门户，业内大多数人不看好搜索，大规模的互联网公司并不觉得搜索引擎能挣钱，所以百度才有机会做起来。今天也是同样的道理，如果一个创业公司做的一件事，一下子被大鳄发现了，大鳄也很看好这个事，那这家公司就死定了，因为他没有那么多的资源积累和

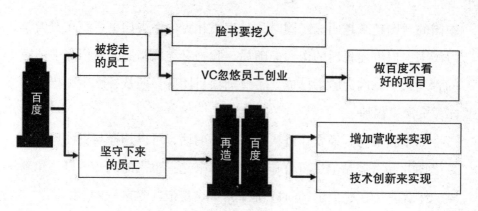

李彦宏呼吁百度员工再造百度

技术积淀。所以，今天的创业公司一定要做一个百度不看好的东西，才有机会成功。"

随着形势的发展，脸书自建站点进入中国的计划泡汤了。

在中国严格的监管政策下，监管部门不会允许有可能给中国用户带来危害的信息在一家全球性的社区网站自由传播。很显然，马克·扎克伯格不愿意接受中国的这种信息监管，所以决定将日本、韩国以及南亚作为开拓亚洲市场的重点，暂时放弃"艰难的"中国市场。

相信在得到这个消息后，李彦宏定然会松一口气，因为脸书暂缓进入中国，让很多意欲跳槽的百度员工就没有了盼头，他们还得老老实实在百度公司干。

其实，在百度公司工作还是有很大的发展空间的，因为李彦宏开始呼吁百度员工再造百度了。很多坚守下来的百度人都知道，与其跳槽另投其他企业或者自主创业，还不如在百度内部创业，利用百度强大的资源实现自己的创业梦想。

☑ 呼吁百度人再造百度

2015年1月，百度在北京首都体育馆举行2014百度年会暨15周年庆典。当时，李彦宏面对数万百度人发出了再造百度的口号："在教育、医疗、金融、交通、旅游等行业，无数的机会正在向我们挥手召唤。深耕每一个传统行业，我们都有机会创造一个个百度！"

如何让再造百度变成现实？李彦宏主要通过两条路来走：第一条通过增加营收来实现再造百度，第二条通过技术创新来实现再造百度。

先说百度如何增加营收。这几年，百度一直努力从PC搜索转型为移动搜索，移动搜索已经带来了较好的营业收入。

根据2014年百度公司的第四季度财报，2014年度百度的总营收为人民币490.52亿元，较2013年同比增长53.6%。此外，百度第四季度移动收入在总营收中占比已达到42%，其中，2014年12月份移动搜索收入首次实现了对PC搜索的超越。

对于移动搜索的节节胜利，李彦宏高兴地说："2014年是百度取得巨大成就的一年，百度成功地从一家以PC为中心的互联网公司，转型为移动先行的公司。移动流量和移动收入双双超过PC，这些指标表明百度已经是一家移动互联网公司。"

虽然移动搜索的营收增长迅猛，但是百度要想在营收上面再造百度，就意味着营收的同比增长要超过100%，达到1000亿元，显然现在还不能实现。所以，百度人还须多加努力。

为了增加营收，百度还收购其他"现金牛"业务。目前，百度已经将去哪儿、爱奇艺、91无线、糯米等网站纳入了自己的搜索生态圈，未来这些业务都可以给百度带来源源不断的营收。

再说说百度如何进行技术创新。李彦宏认为，要想实现再造百度，还得走技术创新这条路，虽然创新的路不好走，需要投入，需要冒风险，但是李彦宏还是坚持要走下去。

2014年4月，在百度第四届技术开放日上，李彦宏宣布发布大数据引擎，旨在通过大数据再造百度。这个大数据引擎包括移动搜索、云计算、大数据技术、"互联网+"等众多技术，百度输出技术谋求与传统产业（如教育、医疗、金融、交通、旅游等）合作，再造无数个百度。

百度最新的语音搜索和拍照搜索等技术创新，都需要大数据引擎来支撑。如果学生用户利用拍照搜索拍下作业题目，百度会去题库中搜索同样的题目及解答。如果用户用拍照搜索拍一张某人现在的照片，就能在网上把这个人过去在网上所有的照片都找出来。此外，拍照搜索功能还可以帮助相关单位用于抓捕罪犯，如果拍下一张罪犯曾经使用过的照片，只要这个罪犯出现在全国海量监控相机的某一摄像头下，百度大数据引擎就能确认此人现在的位置，通知办案人员进行定点抓捕。

李彦宏说："未来数据会无处不在，无论做什么事情都离不开大数据，百度开放自己的大数据核心能力，将更好地帮助传统行业挖掘数据价值，加快传统行业转型升级，进而发挥出对整体社会经济的革命性影响。"

有了大数据技术，百度就可以与传统产业进行深度合作，实现连接人与服务，最终再造无数个百度。这个过程可能需要10年或者更长的时间，无数的百度人都可以在百度这个创新基地挥洒青春、报国为民，通过技术创新，找到自己的发展机会和施展空间。

第4章

百度文化：

我们的文化是简单可依赖

　　简单，意味着没有公司政治，说话不绕弯子；意味着愿意被挑战；意味着公司利益大于部门利益；也意味着我们心无旁骛，不被外界噪音所干扰。可依赖，意味着自信，意味着开放式沟通，意味着我们只把最好的结果交给下一个环节。

——李彦宏

百度使命：让人们最便捷地获取信息，找到所求

雾霭笼山、夏蝉长鸣，简陋的苗族学校开始了一天的学习课程。现在，快要放暑假了，这可愁坏了金老师。因为上次在上美术课的时候，金老师要求学生们画各种各样的动物，诸如乌龟、老虎、熊猫等。可是，学生们都说没有见过这些东西，闹着放暑假后要金老师带他们去大城市的动物园看那些千奇百怪的动物。

⟳ 山里的孩子可以"逛"城里的动物园

苗族山村经济落后，人们生活十分困难，不少孩子的父母选择外出打工讨生活，孩子们只能留守苗乡，要么待在家里，要么待在学校。像金老师这种来到偏远山区支教的老师，根本没有多少工资，也没有正式的教师身份，每月仅有几百元的生活费，自己的生活都是紧巴巴的，更不可能带着一大帮孩子去北京、广州等大城市看动物。

今天下课的时候，金老师发现一张张稚嫩如花的笑脸照着她，一双双充满希望的眼睛瞪着她，她像做了错事的小孩一样快速闪开了。她心里很痛苦，因为自己答应孩子们的事就要"歇菜"了。为了让孩子们能够亲眼看到生龙活虎的动物，金老师特地到镇里的网吧去上网

搜索相关资料，还向网吧老板借了一台能无线上网的笔记本电脑。

"怎么看动物直播？"金老师提出了自己的问题。

"用百度搜索'百度动物园'就可以直接看了，既有直播也有录播。"热心的网友很快就做出了回复。

金老师连忙试了一下，果然在百度动物园里可以看到很多动物的直播视频，包括金丝猴、狐狸、大熊猫、鳄鱼、火烈鸟等。金老师激动得一夜没睡着觉，连夜写好了第二天上自然课的教案。

第二天，金老师带领全班40多个同学围着一台笔记本电脑，打开百度动物园，让这些求知若渴的孩子们看到了鲜活的动物世界。孩子们都很兴奋，金老师的脸上也洋溢着幸福的笑容。

百度动物园是中国首个网上动物园直播平台，于2014年6月1日国际儿童节这一天正式开放，给那些不能到动物园游玩的小朋友们送上了一份魅力无穷的儿童节礼物。

百度动物园是百度与北京动物园的合作项目，在合作中百度出网络技术、动物园出动物资源，双方合作开通了网上动物园直播项目，把企鹅、大熊猫、大象、羊驼、环尾狐猴、长颈鹿等众多热门动物搬上互联网，让全国各地的老百姓都能随时随地观赏动物，甚至精细到它们的一举一动。未来，百度动物园还会与更多动物园合作，开通更多的动物直播节目，有效弥合发达地区与偏远地区的信息鸿沟，为国内动物保护和相关知识普及做出积极探索。

百度的使命就是让人们最平等便捷地获取信息，找到所求，百度在网上搭建百度动物园也是从这一使命出发。如果没有百度动物园，很多偏远地区的人是很难一睹动物的真容的，那些经过艺术加工的动画片根本无法真实展示奥妙无穷的动物世界。

说得更加直白一点儿，百度的使命就是让老百姓更容易获得信息。李彦宏说："我们愿意相信，我们所做的事业，是为中国更多的普通百姓打造知识海洋的诺亚方舟，帮助他们最平等便捷地获取信息，摆脱贫穷，消除歧视，成就每一个人的梦想！"

多年来，无数百度人在这个使命的驱动下，不断进行技术研发、项目探索和业务拓展，一定程度上突破了普通民众获取信息的瓶颈，平等地成就了大众。

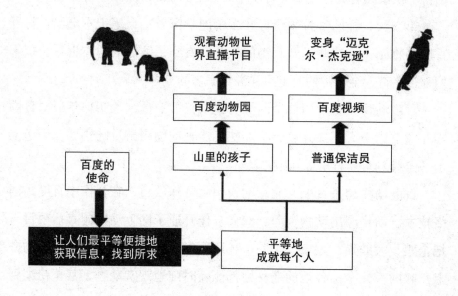

百度的使命

◉ 保洁员变身"迈克尔·杰克逊"

就在百度人忙着进行技术开发、业务拓展时，百度公司里一位保洁员也忙得不可开交，因为他一边要负责搞好百度公司内内外外的卫生，一边还忙里偷闲加紧练习迈克尔·杰克逊的舞步。

他就是保洁叔王世金，他已过知天命的年龄，而且视听有严重障碍，与人沟通都成问题，料想再也不会有什么奇迹发生在他的身上。然而，就是这样一个毫不起眼的保洁叔，却通过百度成就了自己的"中国梦"。

每天回家，面对日渐成长的女儿，王世金不懂要说什么，也不懂表达什么。总之，王世金总是那样默默地看着女儿吃完饭、看电视，然后关门睡觉。在王世金和女儿之间隔着一层厚厚的墙，那不仅是代沟、沟通障碍，还有他不懂如何表达自己对女儿的爱。

有一次，女儿在屋里上网，王世金就给女儿送一杯热水进去，他想看看女儿整天都在网上关注些什么东西。王世金端着热水杯安静地站在女儿的背后，只见女儿打开百度视频，迅速录入"迈克尔·杰克逊"，很快就搜出很多迈克尔·杰克逊的歌舞视频。女儿点开一个视频后，就戴上耳机津津有味地听起来，女儿听到得意的地方，还不时舞动着手指。

王世金终于明白了，原来女儿喜欢迈克尔·杰克逊的歌舞，这也难怪，女儿周末宁愿看一整天的歌舞，也不愿跟他说一句话。王世金决定投其所好，通过学习迈克尔·杰克逊的歌舞，曲线走进女儿的内心世界。哪一个子女不希望自己的父母是完美的，给他们一个温暖无瑕的家？年过半百还不算迟，王世金决定亲手弥补这个家，给女儿满满的爱。

于是，百度员工开始诧异了，这个保洁叔日渐"癫狂"起来。他也学着女儿那样，在百度视频上搜索迈克尔·杰克逊的舞蹈视频，然后对着这些视频亦步亦趋地学起来。

王世金骑着三轮垃圾车的时候，不断练习迈克尔·杰克逊的头部动作，左右摇摆、360度旋转；他在清扫会议室的时候，边扫边练习迈克尔·杰克逊的手部运动，左手握拳，右手摆出手枪姿势，迅速向右侧甩去；他在清扫楼梯的时候，突然高仰右手做出跳舞的姿势，让路过的人吓一跳；他在清扫绿化带的时候，偷偷练习迈克尔·杰克逊的独家招牌动作前倾45度角；他在清扫卫生间和走廊的时候，反复练习最难学的迈克尔·杰克逊的"太空步"，只见他时而后滑、时而侧滑、时而原地滑、时而旋转滑，让很多百度人一头雾水。

功夫不负有心人。经过长时间的模仿和练习，王世金已经从保洁员变身为"迈克尔·杰克逊"，他跳起舞来干净利落，一气呵成，极富节奏感。不认识他的人，还以为他受过专门训练。后来，王世金参加了浙江卫视《中国梦想秀》演出比赛，激动不已的女儿亲临现场为父亲助阵。

比赛那天，星光闪耀、掌声雷动，王世金戴着黑色的礼帽，穿着黑色的西装，踏着锃亮的皮鞋，右臂缠着白色的袖章，活脱脱一个"迈克尔·杰克逊"的翻版。音乐响起，在成千上万观众的注目之下，王世金开始舞动起来，只见他浑身上下就像一个灵活的机械一样，头部、手部、脚部等身体各个部位伴着音乐的节奏，做出各种各样优美的动作。王世金惟妙惟肖地模仿了迈克尔·杰克逊行云流水般的舞步，观众们都惊呆了，随后爆发出经久不衰的掌声和欢呼声。

此时此刻，最激动和最幸福的要属王世金的女儿了。过去，女儿心里一直埋怨父亲不够完美，现在自己的父亲在舞台上，用迈克尔·杰克逊的舞步征服了所有观众。就在今天晚上，父亲完成了"逆袭"，在女儿心中他的形象重新变得高大起来，变成了引以为豪的"明星"。女儿这一次为父亲流下了眼泪……因为，她终于懂得了父亲的爱，懂得了父亲的世界。

中国有很多像王世金这样的人，他们的工资始终在城市最低工资标准上下徘徊，但是一节普通的舞蹈课价格不菲，从几百元到几千元都有。所以，以王世金这样的收入水平，不可能上专业的舞蹈培训课，最经济最直接的做法，就是从百度搜索中搜索免费的迈克尔·杰克逊歌舞视频，边观看边模仿练习。王世金怀着对女儿无限的爱，以超乎寻常的毅力学会了迈克尔·杰克逊的舞步，最终在比赛中获奖。可见，爱让一切成为可能，而百度的使命是平等地成就每个人。

后来，百度公司市场部把保洁叔王世金的故事做成了一个宣传片，当李彦宏看到这个片子时也很感动。他说："这个片子不仅感动了我，很多客户和合作伙伴看了之后也很感动，觉得这些年跟百度在一起，在做一件很有价值和意义的事情。

"我们的产品除了给大家带来影音的欢愉、资讯的丰富，也在平等成就每一个老师，不管他们在哪里，都能分享网上最好的教案和课件；我们也在帮助每一个心急如焚的妈妈，在她们的孩子发烧时，能够迅速获取知识，采取正确的退热措施……

"无论教授还是牧民，无论老人或是孩子，他们渴求的信息会因为百度这个平台而触手可及。当那么多的用户在用百度的产品成就自己每一个小小的愿望时，我感受到我们工作的伟大意义。"

百度的核心价值观：简单可依赖

"天苍苍，野茫茫，风吹草低见牛羊。"辽阔秀美的科尔沁草原犹如一张绿色的巨毯，在内蒙古东部无限伸展。在一望无垠的草原上，点缀着洁白的蒙古包、流动的羊群和奔驰的骏马，还有一些小学校。

相对大城市而言，大草原深处的教育资源较为匮乏。为了给那些不断游牧的学生上课，这里的学校打破了校际的界限实施走教制。老师今天在这个小学教学，明天到另外的小学教学，由于老师少，走教老师什么都要教，几乎要包揽所有小学课程。走教制曾被认为是解决教育资源分配不均，实现均衡教育的一把利器。但也是无奈的创新，治标不治本，一旦走教老师生病了，几个小学的课程都受到影响。于是，人们开始把创新的方向投向了互联网。

⊘ 科尔沁大草原的来信

有一位小学校长为了让放羊娃们摆脱贫困落后的面貌、学习更多文化知识、拥有更好的前途，就筹资办学，从外地请了一些年轻的老师到这所小学授课。起初，这些年轻的老师比较留恋大草原的旖旎风光，后来，由于迁徙放牧，学生的流失很大，年轻的老师们再也坚持不住，纷纷以各种理由逃离了这个偏远落后的小学。

学生越来越少，年轻的老师又坚持不下去，现在整个小学只剩下校长和几位上了年纪的老师，怎么完成小学一年级到六年级所有课程的正常教学呢？这个难题让校长焦头烂额，彻夜难眠。有一次，校长通过百度搜索辅导资料，发现百度文库中有很多优秀的教案、教学课件和课后辅导资料，这些资料都是全国各地优秀老师上传的，而且免费分享给全国网民。校长喜出望外地召集坚守下来的几个老师，商议如何以少胜多完成教学任务，最后得出结论：要充分利用百度文库的教学资源解决师资不足的突出问题！

最后，这个小学不仅完成了所有在校学生的小学课程，让孩子们得到了更好的教育，还把自己的教学经验、创新成果通过百度文库回馈给全国网民。多年来，很多放羊娃在这个小学里学到了现代化知识，纷纷走向了中学，实现了梦想，成就了不一样的人生。

2015年，这位小学校长给李彦宏写了一封感人至深的感谢信。他言辞恳切地告诉李彦宏："是百度帮助孩子和老师们打开了心中连接世界的窗户，放飞了属于他们的梦想！"

百度的核心价值观就是简单可依赖，百度人从这一核心价值观出发，研发出来的产品也是简单可依赖的。百度文库是互联网分享学习的开放平台，汇集了上亿份高价值的文档资料。在这里，全国各地的网友既可以阅读和下载有价值的文档，也可以上传和分享自己手中的文档，从而让信息共享变得更简单。这里的文档资料涵盖基础教育、资格考试、经营管理、工程技术、IT计算机、医药卫生等50余个行业，很多精品文档都是出自专家之手，是可依赖的参考资料信息库。

多年来，科尔沁草原偏远地区的小学依赖百度文库，完成了正常的教学任务，实现了很难实现的教育梦想。

百度"简单可依赖"的核心价值观不仅反映在百度文库上，还反映在百度的很多产品上。例如，百度首页就非常简洁，没有特别多的东西。然而，这个首页却是全中国电脑和手机中使用较多的浏览器首页之一。正如李彦宏所言："因为简单好用，所以简单也有很大的价值。"

◎ 简单可依赖的管理文化

百度"简单可依赖"的价值观不仅表现在外在的产品功能上，还表现在内部的管理文化上，可以说百度的文化就是"简单可依赖"。

有一次，百度公司新来了一位高管，这位高管之前在其他公司工作过很长时间，有些虚套。在开会的时候，轮到他说话了："在公司领导的关心下，在各个团队的倾力配合下，在百度资源的支持下，我们在大搜索生态系统中做了一点儿小小的微创新，取得了……"他的这些空话、套话让在座的每一个人都很不舒服。

"请停下，不要讲这些，不是我们要听的，你怎么想就直接说。"李彦宏果断制止了他这种拖泥带水的开场白。后来，百度公司开会就简单多了，大家有什么心里话，直接说出来。

有时候，开会的时间到了，李彦宏因为忙于其他事务一时来晚了，发现第一排没有位置了，就悄悄地坐到后排去。很多副总急忙给前排的员工使眼色，希望他们能给老板挪一个位置。李彦宏却说："没有关系的，坐在哪里都听得见！"百度的内部交流与沟通就是这么简单，没有复杂的"宫斗政治"。

李彦宏说："简单，意味着没有公司政治、说话不绕弯子，意味着愿意被挑战，意味着公司利益大于部门利益，也意味着我们心无旁骛，不被外界噪音所干扰。可依赖意味着什么？意味着自信，意味着开放式沟通，意味着我们只把最好的结果交给下一个环节。

　　"可依赖和可信赖是有区别的，它有亲情在里头。在你需要帮助的时候，会有很多人愿意真心地来帮助你；在别人需要帮助的时候，你也会真心地去帮助他。在你受伤的时候，这里是你疗伤的地方，这里有你的感情寄托。"

　　有一年，百度因为公司业务发展的需要，运维部并入基础架构体系。这样，运维部就从原来的总监团队中划出，转而向加入百度不久的执行总监汇报。这个新官上任的执行总监，很担心李彦宏这样的安排会影响公司内部团队的继续合作，因为新来的领导初来乍到，还不了解情况，却要听这么多团队的汇报，难免有人会说闲话。

　　"公司这样调整，原来的总监会不会有想法。"新上任的执行总监径直向李彦宏表达了自己的担心。

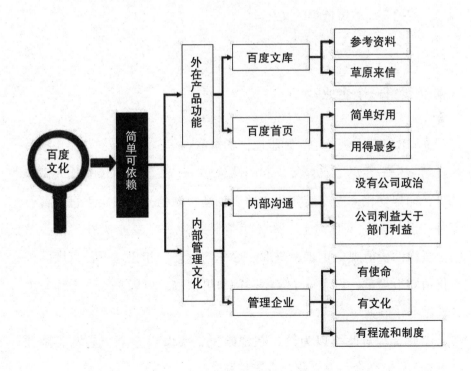

百度文化

"你想得太多了，这样的调动目的只有一个，就是让百度的业务更好地发展，原来的总监肯定会支持你的。"李彦宏笑着回答。

"对不起，没有想到因为我的到来，公司会做出这样大的调整。"这个新官上任的执行总监还是觉得不太放心，又去找原来的总监道歉。

"你不必向我道歉，公司的运维部和基础体系本来就应该一体化运转！"新上任的执行总监"心思缜密"让原来的总监哭笑不得。

随着用户需求的变化，百度也进行不同的适应性调整，部门调动、业务整合、领导更迭是常有的事，但新老团队都能做到很好地融合。

李彦宏说："百度发展很快，历史上整个部门的调动也是常事，但往往各调动后的部门能很快融合到一起，高效地开展工作，这就是因为我们拥有简单可依赖的文化。"

⊘ 如何管好一个企业？

在"BAT三巨头"中，阿里巴巴的价值观是"六脉神剑"，包括：客户第一——客户是衣食父母；团队合作——共享共担，平凡人做非凡事；拥抱变化——迎接变化，勇于创新；诚信——诚实正直，言行坦荡；激情——乐观向上，永不言弃；敬业——专业执着，精益求精。腾讯的价值观是正直、进取、合作与创新。相比之下，百度的核心价值观很简单，仅有五个字——简单可依赖，所以有不少人担心李彦宏做不好企业。

李彦宏却对此不以为然，在他眼里，要做好一个企业就要做到"三有"：有使命、有文化、有流程和制度。

第一，有使命。百度的使命是："让人们最便捷地获取信息，找到所求。"这个使命可以说是一个目标，有了这个目标，百度才会关注人们需要什么，然后通过不断创新搜索技术让人们找到所求。

李彦宏说："谷歌的愿景，就是组织全球的信息，做一个操作系统。对于百度来说，我们更关心的是人们需要什么，所以我们是让人们更便捷地获取信息，找到所求，这就是为什么百度后来会做出贴吧、知道、百科等一系列有社区特质——用现在的话来说，就是带有社会化、SNS的元素的搜索产品，使得百度的黏性远远强于世界上任何一个公司。"

第二，有文化。互联网市场，可以说是一个不太规则的市场，几乎什么都可以尝试，什么都可以创新，企业的未来发展似乎没有规则可言。公司的发展没有规则，那要靠什么来做决策，就要靠文化。

李彦宏说："本土公司（如很多民营企业）老板做起来的时候，都尝试找职业经理人，职业经理人进去因水土不服走掉，后来就是不要职业经理人，进来的话，也一定要将他改造成非职业经理人，目前中国的大部分公司就是这样的文化。对于百度来说，我们非常强调的一个内容是职业精神，有点儿像古代的士文化（其结晶则是具有高度凝聚力的民族精神）。"

第三，有流程和制度。小公司人少好办事，"领导一言堂"就能解决问题。当小公司发展成为大公司后，人多嘴杂，没有流程和制度，就不能保持高效率运作和正确的发展方向，有时候领导一句话通过层层传播下来，到了一线员工那里却变成另外一层意思。

李彦宏说："我们需要有一个流程，就是在公司成长过程中，每一步都要有流程，流程的作用不是让干活干得慢一点儿，相反是为了干活更快，因为知道怎么做一件事情，不用太多的琢磨和思考以及讨论。

"所以，在制订流程过程中，上次做事情出现一个问题，就在流程里加一个关卡，就是每次都加一个。如果说过一段时间我们发现流程很长，阻碍了公司高效的执行，我们就要想办法简化流程。

"所以，做好一个企业，要有一个清晰的使命目标，强大的企业文化，还要有流程制度，公司的流程是世界级的，使得做事情更高效。"

在百度有一个制度，就是所有百度员工发内部邮件必须写一个主题，简洁写明自己想要做什么，因为有了主题才方便大家查看。如果有百度员工发邮件却不写标题的话，就要被罚，要请所有接收邮件的同事吃鸡翅。

有一次，百度公司最新发布了一个季度的财报，李彦宏早上5点钟就起床整理财报的信息，他要发一封邮件给全体员工，告诉大家百度公司发了第几季度的财报，成绩怎么样，要感谢大家的努力……

那天，李彦宏起的可能有些早，头脑不是很清醒，发邮件时忘记写主题了，而这封邮件的收件人是公司的全体员工。结果，就有百度员工给李彦宏发邮件要他请客。由于自己违规操作，李彦宏只能请百度近两万名员工集体吃鸡翅。可见，公司的管理流程和制度，不仅要细化，还要严格执行。谁犯规谁就要接受惩罚，不管你是CEO还是普通员工，这恰恰体现了百度公司简单可依赖的文化。

百度的文化可谓是简单而有价值。不像有些公司，刚成立不到几年就制订了厚厚的几本公司文化、规章制度，让那些刚入职的员工没日没夜地学习考试，不合格者还惨遭辞退。百度文化的简单到简洁的产品功能和内部管理方式，百度文化的可依赖，就是亿万用户可以依赖的百度搜索结果，找到所求。现在，百度索引的网页信息，相当于6万多个中国国家图书馆，这正是百度的价值所在。由此，人们不得不信服，仅拥有单个搜索站点（www.baidu.com）的互联网平台型公司百度公司，其市值比很多实业集团公司的市值要高出很多倍。

内部整风：淘汰小资，呼唤狼性

烈日当空、机械轰鸣、尘土飞扬，西班牙的高铁工程正在紧张施工中，工人们操作着挖掘机开挖基坑。在掘开地表之后，人们惊奇地发现基坑内裸露出一块又一块巨大的骨骼化石。科学家闻讯迅速赶到现场勘察，证明那是葡萄园龙7000万年前的化石。后来，研究人员借助头盖骨内部扫描CT影像建造了葡萄园龙大脑的3D模型，发现这种恐龙虽然可以长到15米长，但是它的大脑却不超过8厘米，如同一个网球般大小。

这么小的大脑却支配着如此庞大的身躯，导致葡萄园龙的智力很不发达，反应速度也很慢。所以，白垩纪晚期，地球遭遇小行星碰撞导致外部环境巨变，这种恐龙和其他恐龙一样走向了灭绝。自身的反应速度太慢，再加上外部环境的巨变，让恐龙们无回天之术。李彦宏深谙"物竞天择，适者生存"的道理，他居安思危，充满忧患意识，担心百度公司患上"恐龙病"，所以他要"淘汰小资，呼唤狼性"。

◎ 整治"恐龙病"

2012年第三季度，百度的业务增长速度明显放缓，其中既有内部原因，也有外部原因：内部原因就是对市场需求的反应速度太慢，从PC搜索转型到移动搜索的速度太慢；外部原因就是中国经济增速放缓，而且市场上又出现众多搜索竞争对手，如谷歌香港、360搜索、搜狗、腾讯搜搜、微软必应、网易有道搜索等。

百度虽然很强大，但是如果发现问题不及时解决的话，那么"百度离破产永远只有30天"。所以，李彦宏在内部沟通会上指出："我们看到，用户的搜索行为从PC向无线迁移的速度非常快，快于百度的预期，这些因素对百度的业绩产生了不利影响。我们PC搜索升级太慢，发现一个问题就要排期，有时候甚至一两个季度都排不上，速度像蜗牛。这种迟缓的反应，给其他的互联网竞争者创造了机会，因此我们看到，用户在上网时曾经非常依赖百度，但是他们现在也不得不去依赖其他公司的产品来保证上网体验。"

为了提振士气，整治"恐龙病"，加速转型速度，力保百度在中国搜索市场的绝对领导地位，李彦宏在百度内部网上发了一封以"改变，从你我开始"为主题的公开信。

在信中，李彦宏先向全体员工提出了三点改变的要求：

第一点，矫正整顿投资不足的问题。李彦宏说："我们过去几年挣了很多钱，但是我们投入不够，虽然我们有50%的净利润，但我们不应该快速追求净利润，而是应该把更多的钱投入到更多的新业务和创新上。除了核心业务之外，还要去投资一些东西，好让更多用户使用百度搜索，比如说投资发展浏览器，只要有比较大的市场份额，就能够通过它引导用户使用百度搜索，而在这方面我们却投入不多。"

第二点，要敢于打破常规，革自己的命。李彦宏说："我们既然发现用户的搜索行为从PC往移动终端上迁移，就应该主动引导用户更早地去迁移到无线上，这样就可以借助PC搜索上的优势，把移动搜索做起来，而不是拼命维持现状，想要把用户留在PC搜索上。销售人员不能光顾提高业绩，还要引导用户迁移，如果我们不教育客户迁移，将来的日子就会很危险。"

第三点，淘汰小资，呼唤狼性。李彦宏说："现在我观察到两个问题，第一个是我们需要去鼓励狼性，第二个是淘汰小资。像敏锐的嗅觉、不屈不挠奋不顾身的进攻精神、群体奋斗的'狼性'对于现在的百度非常合适。什么是小资，我的定义是有良好背景、英语流利、收入稳定，却不思进取、盲目追求个人舒适生活的人。或许有人会反问，罗宾不正是这样的人吗？我只能说因为我正是这样的人，所以我才敢说要淘汰这种人。"

可见，这一次李彦宏要下定决心"革自己的命"，在市场形势恶化之前，百度绝不能犯"恐龙病"。所以，李彦宏要让员工从"高利润、高增速"的温床中惊醒，并且转变观念、升级进化、"一夜成狼"，而罗宾也成为了他们的"新狼主"。

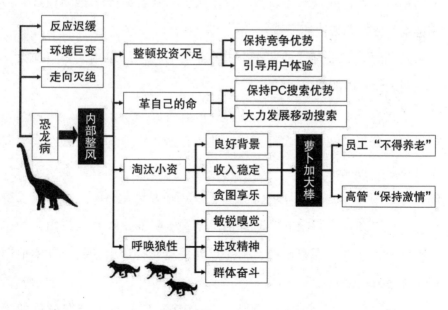

李彦宏进行"内部整风"

李彦宏说："我听说恐龙脚上踩到一个瓢，几个小时以后它的脑子才能够反应过来，这样不管长到多大，你都会灭绝。"李彦宏特别强调对市场的反应速度，不论是发展百度开放云、移动终端平台，还是中间页业务（通过流量分发器对接用户与商家）都要以速度取胜。

↗ 萝卜加大棒

经过十几年的发展，百度已经成为拥有几万人的大公司，在不少人眼里这个大公司是"养老的好地方"，因为他们认为百度公司上下班不打卡、"大树好乘凉"，于是无数的"猢狲"聚拢过来吃老本。在百度公司，工程师的比例约为30%，而销售、市场合作人员的比例高达70%。如果工程师不思进取、不持续创新，将会严重影响百度在产品上的创新能力；如果销售、市场合作人员只顾着销售PC搜索业务，移动搜索业务将无法快速突破。

发现部分员工有这种"寄生虫心态"后，李彦宏用胡萝卜加大棒的政策进行"内部整风运动"。

李彦宏说："经过这么多年的发展，百度变成很大的公司，变成很优越的公司，招来的人都不错，北大、清华毕业的大有人在，他们条件挺好，也见过世面。但是我告诉大家，有这样的背景不一定是你的优势，因为你的生存环境太舒适了，就好像恐龙，经过很多年长得很大，但是条件变得很恶劣时却活不下去。反而是那些农村出来的，家里没有什么钱，靠自己的努力一点儿一点儿打拼出来的，其实他们的生存能力更强。

"这些'小资条件'，不是你的优势，反而有可能变成你的劣势。因为你过去过得太好了，一旦环境变化，一旦竞争变化，这是很可怕的。包括我的孩子，我说你一定要吃苦，你没吃过苦，将来不可能干成什么事儿。

"所以说，淘汰小资是呼唤狼性，呼唤狼性就是要萝卜加大棒。要让所有员工更明确如果想找一个稳定工作，不求有功但求无过地混日子，请现在就离开，否则我们这一艘大船就要被拖垮。"

由于百度公司积极进行整风运动，"养老的温床"不见了，到处都是挑战，到处都是压力，所以有些员工接受不了新的挑战，只得离去。不仅员工"不能养老"，就连没有激情的高管也面临着被清理的危险。

李彦宏说："管理者要懂业务。对那些努力程度不够的、没有了激情的要让他走人，我们把省下来的钱加到那些真正想干出成绩的员工身上。减少会议，及时拍板，每件事情都要有明确的决策人，工作要有完成的最后期限，也有人去跟进。我们整个公司都要倡导文化使命高于KPI（关键绩效指标）的理念，符合我们文化和使命的东西你们就要去做、去配合，不能破坏内部团结。"

在"淘汰小资，呼唤狼性"之后，百度人的精神面貌大大改观，不论是高管、工程师还是一线销售人员都谋求"自我改变"。百度人在心态上更加积极进取、更加懂得居安思危，学会了主动适应环境，在忧患中竞存。百度在业务上也是积极整合资源，加强团队配合，扩大投资规模，加快向移动搜索转型发展。

如果说"华为狼"更多强调的是"群体攻击"的话，那么"百度狼"则更多强调的是"敏捷反应"。华为在众多国家和地区设有分支机构，研发人员约占总员工数的一半，这些庞大的研发人员产出了批量的专利技术；而百度一线销售人员、市场合作人员比较多，所以百度公司可以全方位地接触市场、了解市场，对市场的反应要更快一些。

从"连接人与信息"延展到"连接人与服务"

炎炎夏日、酷热难当，手机铃声响过数声，IT人士王猛才苏醒过来，抬头一看墙上的钟表，发现已接近12点，他不禁叹道："坏了，吃货们要来了！"原来，王猛昨天答应同事们这个周末来家里吃饭，这时出去买菜做菜已经来不及了，估计同事们已经在赶来的路上。王猛急中生智："今天这么热，出去吃饭有点吃不消，还不如叫外卖，在家里开空调吃火锅！"

↗ 直达号：连接搜索用户与商家服务

于是，王猛迅速掏出手机上网搜索"@海底捞"，马上进入了海底捞网上服务平台。他既不用安装App，也不用注册，马上就可以点开"Hi捞送"叫外卖了。王猛快速输入姓名、手机号码、送货地点，然后提交订单了。不久，同事们到了，海底捞热气腾腾的火锅也送到了。

用户用手机上网搜索"@海底捞"，就可以直接进入海底捞的百度直达号，享受订餐和外卖服务。根据统计，每天用户在手机百度上搜索"海底捞"的需求就有两万余次，但是在网上成功下单的却不多，而线下实体店的客户又经常排队。后来，海底捞开通了百度直达号，任何一个客户在手机上网搜索"@海底捞"，均可直达海底捞服务，同时，手机百度"发现"以及百度地图"附近"，都可以向搜索用户推荐直达号。由于实现了吃货与火锅、需求和服务的精准连接，海底捞百度直达号为海底捞带来了大量的新增订单。

2014年9月3日，百度世界大会在北京召开，李彦宏在大会上分享了百度移动搜索的最新技术，隆重推出了"百度直达号"服务项目。

在日常生活中，人们喜欢坐"直达车""直达高铁""直达飞机"，那是人们对更高速度和服务的渴求。现在，在移动搜索领域，百度通过"直达号"，精准连接了用户需求与商家服务。用户只要打开手机通过移动搜索、@账号、地图、个性化推荐等多种方式，就可以随时随地地直达商家服务。每个商户均可轻松开通百度直达号，通过百度直达号，商家可以在移动搜索平台上连接更多新客户，大幅度提高客户的转化率，并能为客户提供个性化服务。

李彦宏说："目前传统服务业通过移动站点、手机应用软件（即各类App）、微信公众号、团购网站等方式向移动互联网转型，但是依然存在着很多不足。百度希望能够探索出一种机制，既能够方便商家维护老客户，又能够大量地吸引新客户，运用新技术帮助商家准确把握移动时代的机遇。百度直达号就是这样的产品。"

商家如果自建移动站点则需要花大量的时间和精力去推广，如果研发手机应用软件都需要财力物力推广宣传。用户用手机扫码下载了这些软件和应用程序，完成安装注册之后，才能享受相关服务。相比之下，商家在百度开通直达号，确实省下了中间这些环节，让用户与商家服务的连接更为直接、顺畅。

在百度世界大会上，李彦宏曾经指出腾讯的微信公众号在商家的服务方面的两个缺点：一个是个性化服务受限，因为微信的开放平台后台限制，不少商家不能链接自己研发的应用；另一个是转化效率低，现在很多微信公众号只有每月推送几条的图文信息功能，对于商家成交率帮助并不大。例如某家宝马汽车的经销商公众号，订阅者的数量为5000人（大部分为有价值的老客户），但通过公众号预约服务的却只有不到5%，而转化到服务的转化率更低。微信公众账号强调的是粉丝第一、订阅第一，而百度直达号强调的是服务第一、转化第一。

还有，用户要想使用阿里巴巴支付宝中的"服务窗"功能，首先要下载手机支付宝，然后注册、捆绑银联卡、充值消费，才能加载更多的服务窗。这与百度直达号即搜即用的简洁效果完全不同，支付宝强调的步步为营、安全第一，而百度直达号强调的速度第一、连接第一。

百度直达号与微信公众账号、支付宝"服务窗"比起来，具备诸多优势。百度副总裁李明远说："百度直达号具备广拉新、强留存、高转化、易开通四大优势，能帮助商家有效获得新用户、保证老用户的活跃

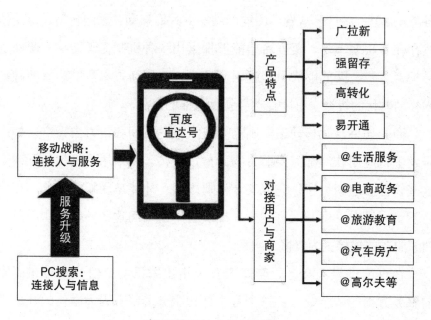

即搜即用的百度直达号

度。直达号实现拉新的方式除了传统的移动搜索、百度地图外，还有两种新的方式：'@账号'直达和手机百度的'发现'推荐。未来百度移动搜索、地图功能将完全开放给顾客和商家，实现人与服务的连接。"

⊿ 移动战略：连接人与服务

无论在PC搜索时代，还是在移动搜索时代，百度的使命从未改变过，而李彦宏的奋斗初心也未曾改变。在2015年1月百度年会上，李彦宏说："15年前，在创立百度的第一天，我们就确立了这样的一个使命：让人们最平等便捷地获取信息，找到所求。15年来，我们其实也就只做了这一件事情，再过15年也好，50年也好，我们还会把这件事情继续做下去！这是我们值得为之奋斗一生的事业！"

在PC搜索时代，百度让亿万民众平等便捷地获取信息，找到所求；在移动搜索时代，很多消费者也通过移动搜索找到所需要的信息，但是更多的用户是寻找服务。同时，很多传统产业也通过"互联网＋"改造，与互联网企业走向联合，在线上为消费者提供服务。为了更好地为用户提供网上信息服务和商家服务，百度直达号应运而生。

李彦宏说："越来越多的消费者通过移动搜索寻找服务。搜索引擎正逐渐成为连接人与服务的工具。我们要把握互联网和传统产业深度融合这一历史机遇，在移动时代，将我们的战略从连接人与信息延展到连接人与服务，我们已经花了15年时间，让人们在信息和知识面前逐步平等。未来我们还要让人们在获取各种服务时也同样高效而平等，为了实现这样的目标，我们不惜再花15年甚至更长的时间！"

实现"一键到达"的百度直达号可以说是为连接人与服务的最

新、最便捷的移动搜索工具，比轻应用还要"轻"，让那些"扫码"下载的电商App相形见绌。

正如李彦宏所言："用得多的就是好的。"从2014年9月百度直达号横空出世，不到一年的时间，已经有70万商家加入，涉及餐饮、旅游、生活服务、汽车、政务、电商、教育、房产、高尔夫等多个行业。百度直达号有了这么多商家打基础，百度的移动战略才得以从"连接人与信息"延展到"连接人与服务"。

百度直达号作为一种新兴的事物，从诞生之日起也在不断进行自我完善和自我调整。而网上骗术层出不穷，百度直达号要如何防止风险和欺诈？

对此，百度副总裁李明远解释说："第一，百度本身有一套认证体系，包括企业信誉V认证，以及百度钱包接入的认证，这样所有涉及交易的直达号在百度钱包这一层已有保障；二是百度移动安全技术已经十分成熟，百度世界还有专门的安全论坛；三是百度有欺诈全赔计划保障用户利益。而且，我们是免费的，企业开通直达号不需要每年走审批流程，也不需要缴纳年费。"

可见，百度直达号具有"直达、免费、安全、好用"等特点，怪不得众多商家疯狂追逐。

李彦宏对于百度直达号还是很满意的，因为它代表了移动搜索的本质——快速连接人与服务。李彦宏说："百度直达号是新产品，目前已经有几十万客户加入这个平台，每个行业对这个平台的需求都不同，我们目前在和一些增值服务提供商合作，更好地理解和满足每个行业客户的需求。总体来说我们对直达号非常满意，这款产品抓住了移动和搜索的本质——快速连接人与服务。对客户来说，移动端营销服务更容易帮助他们维护与广大用户的关系。"

第5章

竞争艺术:

等着我们的竞争对手犯错误

　　我们必须看着、等着我们的竞争对手犯错误，他们一旦犯错误我们就起来了，百度10年前就是这样起来的。

——李彦宏

谷歌退出内地市场，百度迅速崛起

子夜时分，"森林中的首都"莫斯科飘起了鹅毛大雪，克里姆林宫上面那救世主塔楼和红宝石五角星都被厚厚的冰雪覆盖了。街道上寒冷湿滑，灯光暗淡，一对父母带着一个孩子在路上艰难地行走着。那个可怜的孩子名叫谢尔盖·布林，当年仅有6岁，正要跟着父母长途跋涉，永远离开这个国家。他的父亲迈克尔原本是一位数学家，曾在莫斯科一所学校任教，由于他们是犹太人，经常遭到光头党暴徒的袭扰。父亲为了小布林的前途着想，在1979年的一个雪夜，举家离开俄罗斯，移民美国。

未来的魅力在于未知，谁能想到这个逃难的孩子居然会成为"谷歌之父"。1998年9月，25岁的谢尔盖·布林与自己的同窗好友拉里·佩奇一起创建了互联网搜索引擎Google。2005年，在百度公司去美国上市后，Google汹涌杀到，于2006年4月进入中国市场，与百度形成同业竞争状态。当时，Google还特意取了个中文名为"谷歌"，意思就是以谷为歌，是播种与期待之歌，亦是收获与欢愉之歌。可是，多年"播种"之后，谷歌在中国却没有奏响什么丰收之歌，而是匆匆退场。

⊘ 谷歌挑战中国的互联网内容监督管理制度

众所周知，中国拥有严厉的互联网内容监管体制，以保障中国网民的利益不受损害。外国公司在中国经营也必须遵守中国法律，并按照相关要求对其搜索服务进行必要的审查。虽然谷歌在进入中国市场之时，口口声声说中国版搜索引擎会遵守中国相关互联网法律，对搜索结果进行审查。但是，后来的事实证明，谷歌并未做到这一点。

2009年，"谷歌涉黄"事件爆发，中国互联网违法和不良信息举报中心认为谷歌中国传播不良信息、内部审核不足，于是有关部门对谷歌中国传播淫秽色情信息行为依法处罚。当年9月，谷歌全球副总裁、大中华区总裁李开复突然离职，几天后去创办"创新工场"（创业培育与投资机构）。他说，"我不想再管人，只想做青年导师"。于是，李开复挥一挥衣袖，不再留恋谷歌的股票与期权。

李开复的突然离开，导致谷歌在中国的领导团队出现不小的混乱。谷歌CEO埃里克·施密特连忙向谷歌的两位大老板谢尔盖·布林与拉里·佩奇报告紧急事态。

这让谢尔盖·布林"诚惶诚恐"，如果谷歌中国搞不好，可能会退出中国。得力干将李开复离开了，而中国的内容监管制度依旧严格，谷歌很难再奏响"收获与欢愉之歌"。

2010年1月，北风呼啸，互联网又摊上了大事。当年1月12日，谷歌公司的美国管理团队公然绕过谷歌中国团队发表公开声明，说自己的网站受到来自中国的黑客攻击，并将与中国政府谈判，要求取消谷歌中国搜索引擎的内容审查，否则谷歌会退出中国内地市场。

谷歌这是以退为进，试图以扬言退出中国市场为筹码，迫使中国政府让步。结果却是：中国政府相关部门寸步不让，还是按照既定的政策执行内容审查；2010年3月23日，谷歌宣布停止对谷歌中国搜索服务的过滤审查，并将搜索服务由中国内地转至中国香港。从当年3月23日凌晨起，谷歌公司将原有谷歌中国的两个域名（google.cn和g.cn）中的网页搜索、图片搜索和资讯（新闻）搜索重定向至谷歌香港的域名（google.com.hk），并通过其在中国香港的服务器实现未经审查的搜索引擎服务。

谷歌退守中国香港后，中国政府声称"坚决反对将商业问题政治化"，对谷歌公司的指责和做法"表示不满和愤慨"。

谷歌退出中国内地市场后，百度坐收渔利，在中国搜索市场的占有率迅速超过了70％，处于绝对领导地位。李彦宏认为，谷歌退出中国大陆市场，既怪不了内容监管体制，也怪不了本土竞争对手，主要是其管理团队犯了大错。李彦宏说："我们投入了大量的资源，确保自己的内容和服务遵守中国法律，但是谷歌并没有这样做。因为谷歌决定不封堵特定类型的内容，用户仍能够使用谷歌的服务，表面上实现自由搜索，结果却犯了大错。如果是一家大公司、大网站，拥有众多的网络用户，很自然就会遭到网络攻击。必须处理好这些问题。所以，遭受网络攻击并不是退出特定市场的理由。"

在没有谷歌的日子里，百度也不会太寂寞，因为百度公司不断进行自我超越、自我成长、再造百度。

李彦宏说："互联网的机会是公平的，如果你学得快一点儿就多做一些，多占一些空间，我学得快我就多占一些。

"Google中国名叫谷歌——丰收之歌，他们觉得中国人有丰收了就高兴。其实，中国真正上网的人不太在意丰收不丰收的，谷歌用想当然的办法在中国做生意，其失败的概率是很高的。

"搜索引擎用得多就说明做得好，谷歌是百度在全球最大的竞争

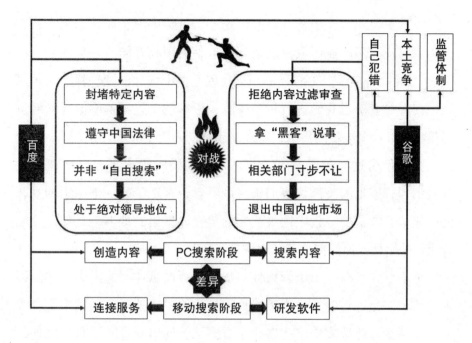

百度与谷歌对战

对手，但在中国，他们打不过我们。我想我们未来的增长还是主要来源于自身的成长。"

⊘ 为中国赢得全世界的尊敬

直到现在，还有不少美国人对于美国搜索巨头谷歌退出中国内地市场耿耿于怀。

2011年12月，李彦宏参加了在华盛顿举行的第五届中美互联网论坛，本来这是一个平等对话与交流的机会，可是有些美国政客却自认为高明，对中国互联网企业的问题指手画脚。

李彦宏说："在中美互联网论坛上，虽然中国企业家们都在认真介绍中国互联网产业所取得的成就，但是美国政客们的发言却是一口一个'China must''China must'，就是说中国你必须这样，必须那样，仅仅热衷于对我们进行指手画脚，根本就不想了解中国互联网发展现状和对社会进步的贡献，听起来感觉让人很不舒服。"

为了反击这类美国政客，李彦宏在演讲时提出了自己的建议："对中国有成见的美国代表们来百度看看，真正了解一下中国的互联网产业，看看这样一批中国最优秀的年轻人聚集的地方，是如何改变着人们的生活，如何推动着社会的进步！"

事实上，谷歌退出中国内地市场，与百度迅速崛起没有直接的因果关系。但是，谷歌退出中国内地市场，给中国搜索市场腾出了巨大的发展空间，让很多中国搜索企业看到了新的机会。除了百度之外，360、搜狗等搜索企业也迅速发展起来。如果有朝一日谷歌重返中国市场的话，很多中国的搜索企业也会感到一定的竞争压力。

李彦宏曾经详细分析了百度与谷歌在两个阶段的差异，因为这些差异，所以百度能迅速崛起。

第一，在PC搜索阶段，百度让用户创造门户、创造内容，而谷歌却被动地搜索现有内容。

李彦宏说："在PC阶段，我们主要做的东西是UGC（User Generated Content），就是用户生产内容。这个和美国意义上的搜索不太一样，谷歌搜索是被动地索引网上已经有的内容。而我们推出百度贴吧、百度知道、百度百科等这些频道，让用户创造门户、创造内容，再通过搜索引擎的技术进行搜索，这是在PC时代百度搜索在发展路径上或者思路上和谷歌的最大区别。"

第二，在移动搜索阶段，谷歌忙于研发安卓手机软件系统，而百度却从"连接人与信息"延展到"连接人与服务"。

李彦宏说："在移动互联网时代，百度和谷歌的发展理念有很大的区别。谷歌把更多的精力放在安卓生态系统上，想着怎么让安卓系统创造更多的手机应用、App软件。

"对于百度来说，我们想不仅仅连接人与信息，也连接人与服务。比如现在用户打开百度输入电影院，我们就告诉你说离这儿1.1千米有什么电影院，几点几分在放映什么片子，哪些座位你还可以买，选好自己的座位以后再付钱，一系列的动作都可以在百度里面完成。而谷歌没有做这个事情，在他们看来这不是他的事，网上有什么东西我给你做索引就好了。不管这个事是不是百度的责任，我们都要让用户在百度这里有得到他们想要的东西。"

现在，百度正在不断研发新产品，强化移动搜索的连接功能，让人的需求与商家服务实现瞬间直达、无缝对接。当然，这个对接还是有风险的，比如别人在百度上搜到不好的内容，上当受骗了，怎么办？

在过去的一段时间里，百度认为这些无良信息不是百度的，我们只是做索引而已，这不是百度的错。后来，百度公司慢慢意识到，保障人与服务的对接安全，也是百度应尽的责任。

李彦宏说："如果别人认为这是你的错，这就是你的错，你就得想办法解决。所以，后来我们做百度网民权益保障计划，这就等于买保险，如果你通过百度搜索被骗了，虽然上的不是百度的网站，最后被骗了，我们也赔你。这个理念慢慢转过来，事实是什么并不重要，重要的是别人怎么认为，如果别人这样认为，你就想办法解决。"

社会问题无处不在，很多企业就是在不断解决社会问题中发展壮大的。一旦发现新问题，企业就要思索解决之道，而不能把问题推得一干二净，不愿担当的企业永远是失败者。

　　未来，李彦宏将带领数万百度人，不断创新成长，不断超越自我，不断推动社会进步，以赢得全世界的尊敬。李彦宏说："生逢其时，我们是很幸运的一代，这个时代给了我们机会去创造历史，给了我们机会去实现梦想，我坚信，全体百度人一定会把握住历史机遇，通过不懈努力，为中国赢得全世界的尊敬！"

"3B大战"：百度和360"过招"

虽然百度在用户量和市场占有率上都占据了中国搜索引擎的头把交椅，但是市场竞争依然很激烈。新兴的搜索企业通过不断创新搜索技术，试图"逆袭上位"。

搜索引擎一般可以分为全文搜索、目录搜索、元搜索和垂直搜索。全文搜索是当今主流的搜索技术，百度、谷歌等网站均采用这种搜索技术。全文搜索是指计算机索引程序通过扫描文章中的每一个词，对每一个词建立一个索引，指明该词在文章中出现的次数和位置，当用户查询时，检索程序就根据事先建立的索引进行查找，并将查找结果反馈给用户。新兴的360搜索（后改名为好搜）、搜狗搜索等正是在全文搜索的基础上进行了个性化创新。

一时间，中国搜索市场纷争不断，国外搜索巨头虎视眈眈。漫长的历史足以证明：帝国兴衰、商战成败，是一个无限反复的过程。李彦宏说："每一个新帝国的崛起都是以前一个帝国的衰落为前提，并且必将面临着更新的帝国崛起，如此往复。"

在中国互联网搜索世界中，就上演着新旧帝国反复攻伐、交替的局面。2010年，自从谷歌退出中国内地市场之后，百度迅速崛起，不久，360搜索、腾讯搜搜、搜狗搜索、网易有道搜索、中搜（原慧聪搜索）等也加入竞争。其中，"3B大战"（360搜索与百度的竞争）影响较大。

↗ 渠道推广PK用户体验

2012年8月，360公司推出综合搜索，迅速成为百度搜索强有力的对手。360公司之所以在这么的短时间内快速成长起来，主要因为360公司联手原百度科学家、凤巢系统架构师"共同挑战"百度搜索。

上线的360搜索包括新闻搜索、网页搜索、问答搜索、视频搜索、图片搜索、音乐搜索、地图搜索、百科搜索等板块，与百度搜索的板块架构大同小异。一时间，"3B大战"一触即发。

360公司创始人周鸿祎在"3B大战"中扮演着重要的角色。在推出360搜索后，他利用360公司现有的三大推广渠道，即360安全卫士、360导航和360浏览器进行捆绑推广。对于"3B大战"，周鸿祎可谓"踌躇满志、雄心万丈"，因为这些渠道的用户均有数亿人。在他看来，在如此庞大的用户身上捆绑推广360搜索，并不是一件难事。

李彦宏却认为这种推广方式效果不大。2012年9月斯坦福大学年会上，在被记者问及"3B大战"时，李彦宏说："在搜索引擎领域有两种推广方式，一种是靠改进搜索质量，另一种是靠自身的渠道资源推广和引导流量，后者虽然能产生一定的效果，但是影响不大。我们做搜索已经有10多年了，搜索有很高的技术门槛，用户感受才是搜索引擎市场的最终决定因素。如果一些基础架构和设计之前已经做得很好，百度就完全没必要一定要改动它，但百度会在应用层面做一些方便中国用户的改进。"

在李彦宏看来，关注用户感受，提升用户体验，才是搜索引擎的取胜法宝，而不是靠用户量和推广手段。李彦宏说："我们一直都认为用户体验对我们非常重要，但是竞价排名结果如果和用户搜索结果非常相关的话是不会伤害用户体验，这就是我们为什么有时会比其他

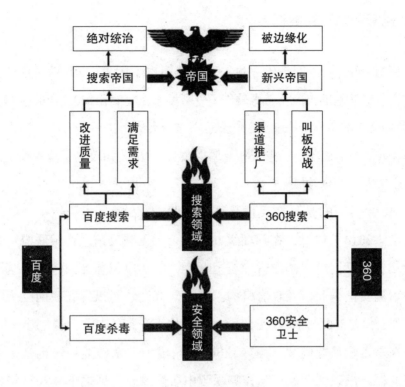

"3B大战"

搜索引擎提供更多结果链接的原因。"

多年来，百度一方面在对凤巢推广系统进行改善，不断提高用户体验，例如减少推广链接的数量、依据客户搜索记录推广相应服务等；另一方面，百度还不断研发新的搜索技术，包括拍照搜索、语音搜索、百度直达号等功能。这些技术是机器智能、深度学习和大数据处理等最前沿搜索技术的组合再创新，优化并提升了用户的搜索体验。

在"3B大战"中，360搜索未能撼动百度搜索的市场领导者地位。2012年12月份搜索引擎市场份额统计数据显示，百度访问量份额占比为65.7%，360搜索访问量份额占比为8.7%。

⊘ "搜索帝国"还能扛多久?

面对360公司进军搜索领域，百度公司也不闲着。2013年6月，百度联合卡巴斯基推出免费杀毒软件——百度杀毒，直击360公司的腹地，因为360公司的主营业务正是360杀毒。"3B大战"进一步升级，因为双方都攻入对方的老本行，形成相互掣肘之势，360公司攻入了搜索领域，而百度攻入了安全领域。

对360不利的是，在反信息诈骗联盟中，360公司居然也"被遗漏"了。2014年12月，在深圳举办的"天下无贼反信息诈骗联盟"高峰论坛上，反信息诈骗联盟增至上百个，这些单位和部门包含了全国各种主流安全企业以及政府机构。当时，百度、腾讯等互联网巨头赫然在列，但是360公司却不见踪影，此事对其美誉度造成了不良影响。

在杀毒领域叱咤风云多年，360公司成为"杀毒盟主"也是板上钉钉的事，没想到在反信息诈骗联盟中居然没有一席之地。2014年12月，周鸿祎在微博上突然发难，指责百度安全软件——百度杀毒强制用户安装，用户使用360安全卫士都难以将其卸载。

周鸿祎虽在微博上点名要"约见"李彦宏，要"当面请教问题"，和往常一样，李彦宏"一概不约"，也不回应。

10多年来，很多人都叫板百度。有人说百度做流氓软件，有人说要让百度睡不着觉，还有人说要建立反百度联盟……可是，在这些流言蜚语中百度还是越做越大，百度人还是信仰技术，以专注的精神在做互联网搜索，经营着"连接人与服务"的搜索生态圈。百度人的时间主要用于搜索技术研发与提高用户体验，因为李彦宏坚信：搜索"用得多就是好"！

从"3B大战"中我们可以看出，中国搜索引擎市场的竞争越来越激烈，并不是说谷歌退出中国内地市场就没有竞争了。因为，国内更多的竞争对手迅速崛起，明斗暗斗，百度到底还能扛多久？

可以说，企业的存亡，主要取决于企业能否持续满足用户需求的变化。如果哪一天用户不使用互联网了，也不再需要搜索服务了，那么再优秀的搜索服务提供商也要消亡。李彦宏说："搜索是百度成功的所有秘密。因为搜索是互联网用户最常用的服务之一，也越来越多地影响着互联网产业，百度就是一个明证。"近几年来，百度公司紧跟用户需求，加速从PC搜索转型到移动搜索，未来通过不断的技术研发，将会从移动搜索转型到智能可穿戴搜索（如百度眼镜及其他可穿戴产品的研发与使用）。

如果一家互联网企业"贪于利润"，盲目跟风做搜索却跟不上用户需求变化，在搜索中既无技术根基，也不顾用户感受，单凭现有渠道做推广，一旦市场形势变化，很可能会迅速走向覆灭。其实，中国互联网企业更需要抱团取暖，营造和平繁荣的和谐互联网世界，共谋发展。

百度与去哪儿合作：占大股而不控制

　　精彩的人生需要旅行，穿越那异域风情，享受新鲜与欢悦。旅行不在乎目的地，更在乎放逐心灵与获取新知——搜索巨头百度与旅行网站去哪儿合作，结果让人们读懂了百度世界的另一页，那就是李彦宏的中间页战略。

　　中间页，即中间业务（中间商），一个在搜索引擎和传统产业中间的状态来给别人提供服务。2011年百度联盟峰会在丽江举行，当时李彦宏说："未来中国互联网的创业机会为——中国中间页、读图时代和应用为王。在旅游方面，像携程、去哪儿这样的网站，本质上就是一个中间页的状态（对接旅行社和网民）。为什么这样的公司能够生存呢？就是因为线下的传统旅行社公司已经发展到了互联网，但是他们的行动太慢、技术太差，这样就给中间状态服务的提供者提供了很多机会。可以说，各种各样的领域，几乎在线下存在的所有垂直领域都存在中间页的机会。"

◎ 百度收购去哪儿60%股份

　　2011年4月28日，百度旅游（旅游信息社区服务平台）正式上线，为百度开展旅游业中间页业务奠定了良好的基础。

2011年6月，百度与去哪儿达成一项深度战略合作协议，百度以3.06亿美元购得去哪儿60%股份，并成为去哪儿第一大机构股东。在收购完成后，去哪儿仍将保持独立运营。此前，很多公司都有意收购去哪儿，但是去哪儿都没有答应，因为去哪儿管理团队要求收购后仍作为一家独立的公司运作。显然，百度公司并不想控制去哪儿，所以双方顺利达成了收购合作协议。

既然百度是大股东，自然要力挺去哪儿了。为了让去哪儿增加赴美上市的筹码。2013年10月1日，百度和去哪儿达成"知心搜索"合作协议。10月4日，去哪儿向纽交所递交了上市招股书。一个月后，去哪儿成功在纳斯达克上市，市值涨至32.09亿美元，让其他旅游网站"羡慕嫉妒恨"。

去哪儿之所以受到众多投资者的追捧，主要是身后站着大股东百度，因为百度早在2005年已经在美国上市，被各大投资机构所熟知。还有，百度和去哪儿达成"知心搜索"的合作协议，也给投资者带来更多信心。以下是"知心搜索"的主要细节：

第一，百度同意授予去哪儿在PC端对百度"知心搜索"旅游产品和旅游类中间页的独家运营权，该独家运营权的权利内容涉及机票、酒店和商业性度假产品。

第二，百度承诺"知心搜索"为去哪儿带来的最低浏览量在2014年和2015年均为21.9亿，在2016年为21.96亿。

第三，为了获得这一为期三年的独家运营权，去哪儿同意向百度发放认股权。

第四，去哪儿将在协议的初始期限内与百度分享超过双方协议基准营收额19.1亿元人民币之上的收益，19.1亿元人民币以内的全部收入归去哪儿所有，超出部分的76%则归百度所有。

第五，该协议还延续了去哪儿和百度在2011年7月已经签订的商业合作协议里面的非竞争条款，百度承诺只要2011年7月签订的商业合作协议有效，或者"知心搜索"合作协议有效，或者百度仍然持有去哪儿50%以上的投票权，百度就不会从事旅游相关的竞争业务。

根据"知心搜索"协议显示，百度既给去哪儿带来了旅游类中间页的独家运营权，也带来了每年几十亿的流量保证，同时还承诺不会从事旅游相关的竞争业务。看来，这样"知心"的大股东是打着灯笼都找不到的。

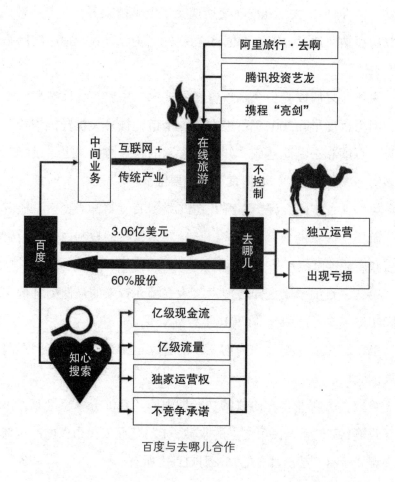

百度与去哪儿合作

百度之所以向去哪儿"传授了多层功力"，是因为去哪儿是李彦宏于提出中间页战略后投资的第一家公司。李彦宏想在中间页战略中找到一个成功案例，然后将其打造成"样板店"，接着进行大规模复制，与更多垂直传统产业合作，打造更多中间页业务，试图改变"BAT"三巨头在线旅游市场的布局。

"BAT"三巨头发力在线旅游

面对在线旅游市场日渐火爆，"BAT"三巨头也是摩拳擦掌、跃跃欲试，不同的公司迅速走上不同的发展道路。腾讯选择小试牛刀，占小股收购获得艺龙16%股权；而阿里巴巴选择自立门户，创办去啊平台；百度则选择重点投资，占大股收购，获得去哪儿60%股权。

在"BAT"三大巨头中，腾讯最先出手。2011年5月，腾讯通过向艺龙投资约8440万美元购买了艺龙新发行股份后，占艺龙总股份数约16%，成为艺龙的第二大股东。本次对艺龙的战略投资是腾讯在旅行市场上的首次重大投资。在合作中，腾讯向艺龙输入庞大的客户群，使得艺龙在线酒店预订服务领域的优势更为突出。

看到腾讯拿出QQ用户群这一优势资源助推艺龙发展，百度也不甘示弱。李彦宏通过收购去哪儿，以增强去哪儿的旅游搜索能力，并义无反顾地输送自家的"独门功力"（包括亿级现金流+亿级流量+独家运营权+不竞争承诺）。

在李彦宏看来，对于快速成长的领域要加大投资力度。2014年4月，李彦宏在财报会上指出："我们在一些快速增长领域的投资，最值得关注的是去哪儿网，其已然成为行业翘楚。我们长期看好去哪儿网的未来发展。"显然，百度要给去哪儿加大"输血"量。

见到百度给去哪儿"输送功力"，阿里巴巴也开始暗念魔咒"芝麻开门"，让打理电商的店小二纷纷发力在线旅游。

2014年10月，阿里巴巴集团宣布，将旗下航旅事业部升级为航旅事业群，把"淘宝旅行"升级为全新独立品牌"阿里旅行·去啊"。现在，去啊成为阿里巴巴旗下的综合性旅游出行服务平台，已整合数千家机票代理商、航空公司、旅行社、旅行代理商资源，为广大旅游者提供出行便利。

"BAT"三巨头纷纷通过各种方式发力在线旅游，在线旅游市场竞争就更加激烈了。这时，携程作为一个在线票务服务公司变得越来越尴尬，因为它没有依附于"BAT"三巨头，其细化市场却不断被竞争对手蚕食，处境堪忧。

有分析人士指出，如果百度一鼓作气，再收购携程，然后与旗下的去哪儿整合，那么"BAT"在线旅游格局将会产生巨大的改变。届时，百度坐拥两大在线旅游网站，一心做好"百度+携程+去哪儿的旅游产业中间页业务"，料想阿里去啊和腾讯也没有什么还手之力。不过世事难料，近几年腾讯也在不断加强与携程的合作，不知道未来"BAT"三巨头最终是哪一家收购携程，或者携程另有新的发展计划，还是选择不依附"BAT"三巨头也能活得好好的。

就在人们认为携程无力对抗"BAT"三巨头时，携程最终还是"亮剑"了。

2015年，去哪儿第一季度财报显示，归属于去哪儿网股东的净亏损为7.012亿元人民币（1.131亿美元），显然百度公司向其"输送多层功力"未见成效。这时，携程"趁火打劫"，于2015年5月向去哪儿发出收购其所有流通股的要约，其意图很明显，就是想通过收购去哪儿来达到遏制去哪儿大股东百度的目的。

去哪儿经过一番深思熟虑，考虑未来种种可能之后，最后决定拒绝携程的收购请求。2015年6月1日，去哪儿一方面书面拒绝了携程的收购提议，另一方面也宣布终止与百度公司的"知心搜索"合作协议。

在去哪儿看来，协议终止符合双方股东的最佳利益，因为百度为去哪儿带来流量，已经获得了去哪儿1145万股B类普通股的认股权证。而且，随着"知心搜索"合作协议的终止，百度还需向去哪儿支付2.07亿元人民币，可以及时缓解去哪儿的现金流紧张问题。

至此，我们知道，百度为去哪儿"输送了大量金钱和多层功力"，但是还没有功得圆满，去哪儿这只骆驼还是选择独立运营，继续为旅行者创造差异化的产品与价值。在合作中，虽然百度得到更多股权，但是要想让去哪儿扭亏为盈，甚至要改变"BAT"三巨头在线旅游市场的格局，百度公司还需要对更多的资源进行创新整合，并对中间页业务进行新一轮的商业探索。

百度与优步合作，卷入"O2O三国杀"

打车软件通过"补贴大战"，把出行服务O2O市场搞得"热火朝天"，结果引起了"BAT"三巨头的注意。O2O（Online To Offline）是指将线上平台与线下服务相结合的互联网发展模式。"BAT"三巨头在O2O业务方面均有布局，如百度将百度地图转化为O2O的重要入口，提供了"地图+门票、电影、酒店"等生活服务，而百度糯米也发展成为大型O2O本地生活服务平台。阿里巴巴重启了口碑网，构建支付宝商家模块，发力O2O服务。腾讯通过投资美团和大众点评，也进入了O2O市场。"BAT"三巨头在争夺完综合服务平台后，开始争夺细分市场，并把触角伸向了互联网打车服务。

在北京、上海、广州、深圳等互联网专车迅猛发展的地方，专车司机和出租车司机的争论相当激烈。出租车司机说专车司机是非法运营，而专车司机却说出租车司机思想落伍。"BAT"三巨头则挥舞资本大棒在打车软件领域进行剑拔弩张的"O2O三国杀"。

⊘ 打车软件中的"O2O三国杀"

在O2O生活服务方面，阿里巴巴与腾讯最先"过招"。

2013年4月，阿里巴巴联合其他机构向杭州的快的打车投入1000万美元，扶植快的打车发展专车规模。2013年11月，快的打车与大黄蜂合并，阿里巴巴又跟进投资1亿美元，打算占领全国市场。看到电商巨头阿里巴巴"上下其手"玩起了O2O，提供更多生活服务，互联网综合服务巨头腾讯于2014年12月联合其他机构，向北京的滴滴打车投入7亿美元，帮助滴滴打车在全国迅速跑马圈地。看到腾讯出手阔绰，阿里巴巴自然也不甘认输。2015年1月，阿里巴巴又联合其他机构向快的打车投入6亿美元。

两款打车软件靠着两大巨头，显得财大气粗，于是为了争夺市场，发展专车规模，阿里系的快的打车和腾讯系的滴滴打车，展开了旷日持久的补贴大战。这些打车软件一方面给乘客大发补贴，吸引客户体验互联网专车服务；另一方面打车软件还给司机撒钱，让出租车司机、私家司机"为钱而折腰"，纷纷转变为专车司机。于是，快的打车通过支付宝发"快的红包""代金券"，而滴滴打车则通过微信支付发"补贴""奖励"。

"O2O三国杀"不能没有搜索巨头百度。2014年12月，百度宣布与优步（Uber）签署战略合作协议，双方在全球范围内达成了战略合作伙伴关系。依据合作协议，优步打车服务接入手机百度、百度地图，而百度钱包也将作为一种支付体系被接入优步打车服务。目前，百度地图一天接受地理请求超过35亿次，所以百度地图增加优步打车服务确实是O2O生活服务、LBS位置服务的一个新出路。

对于这次合作，李彦宏说："这是中美领先的互联网公司之间首次达成的深度战略合作。当然，我们不会为了纯粹的财务回报去做投资，这是我们的一个底线。"

百度之所以与优步达成合作，是因为百度的大数据服务难以直接变现，所以百度地图要寻找最佳的服务商以实现O2O落地服务，因为只有落地服务才容易获得回报。

优步是美国硅谷的科技公司，于2009年创立，以移动应用程序连接乘客和司机，提供租车及实时共乘的服务，并于2013年11月进入中国市场。优步通过手机应用连接乘客与乘车服务，这与百度的移动战略"连接人与服务"的做法基本一致。所以，李彦宏决定去拜访一下这家公司。当年李彦宏就是从硅谷出来的，现在又重归硅谷寻找新的合作空间。

2011年夏天，李彦宏赴美国硅谷造访优步公司，而优步公司的CEO特拉维斯·卡兰尼克对于李彦宏的到来也十分高兴，并表示很想去百度公司参观一下。在参观优步的过程中，李彦宏感觉不错，不久双方就开始商谈合作事宜，最终完成了"优百组合"。在双方的强强组合中，优步为乘客提供一种高端和更私人的出行方案，而百度则通过强大的百度地图为优步提供更多的移动搜索流量和客户出行需求订单。

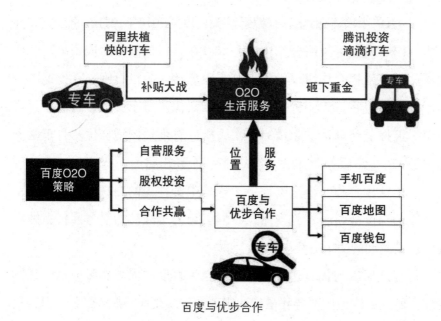

百度与优步合作

⊘ O2O策略的3个层面

与阿里巴巴和腾讯投资打车软件不同，百度选择了合作的方式，将优步打车服务整合到百度地图中来，让双方获得双赢发展。李彦宏说："我们的O2O策略分3个层面。第一层是自营服务。例如外卖和电影票业务。第二层是我们投资部分股权的企业。我们能够与他们以非常紧密的方式合作，并将他们的服务整合到我们的应用程序中。我们已经投资经营二手车交易及其他垂直业务的企业。在选择合作伙伴方面，我们持认真谨慎的态度。第三层是合作。我们没有与这些企业建立股权关系，但我们非常高兴与他们进行合作，将他们的服务整合到我们的平台上，整合到百度搜索和百度地图中，这样的话，就可以为我们的用户提供服务，而这些企业也能获得客户和流量。"

在打车软件大战中，百度姗姗来迟，有多少胜算呢？阿里系的快的打车和腾讯系的滴滴打车，通过补贴大战已成功占据了打车软件90%以上的市场份额。2015年2月，快的打车与滴滴打车又宣布进行战略合并。国内两大打车软件走向联合，这给"优百组合"留下的空间越来越少。在打车服务方面，"O2O三国杀"似乎已经演变一对二（百度PK阿里巴巴、腾讯）的角力。

在打车软件"O2O三国杀"中，阿里巴巴和腾讯擅长用重金砸出市场，而百度擅长通过与其他企业合作"分得一杯羹"。未来的打车软件市场到底是靠金钱取胜还是靠合作取胜，还需多待时日才能见分晓。

面对市场上的众多挑战，百度不会盲目跟投，而是认真做好搜索，认真挑选合作对象，以获得互惠互利的长远发展，不会贪图短线投资的快速回报。

李彦宏说："我们不能进入太多垂直业务，因此我们必须进行非常认真的挑选。因为我们运行百度地图和百度搜索这些主要的平台，所以使用频率是我们挑选的基本准则。

"在特定的垂直业务中，如果人们的使用频率更高，我们就会更紧密地将它们整合到百度的平台中。我们已经涉足快餐和电影票等服务，因为这些都是使用百度搜索频率非常高的活动，所以我们决定进行自主经营。可以说，我们已经进入了所有能够进入的业务，接下来我们不会增加太多投资或自营垂直业务。"

百度不会增加太多投资或自营O2O服务，因为合作永远是利用双方的相对优势进行合作，如果百度在垂直业务做得太多太泛，那么将会削弱这家搜索巨头的核心竞争力，得不偿失。

未来，专车服务和出租车服务将会进入新一轮的利益再分配，相应的监管体制也会逐步完善起来，专车可能会获得合法的身份，而出租车的改革也不会止于降低份子钱。目前，有了"BAT"三巨头在背后持续投资，专车也不能"有钱就任性"，大搞烧钱补贴没完没了，而传统出租车也不能"坐等外部形势好转"，而要图谋变革，拥抱创新。

第6章

专注精神：

成功的关键是要专注如一

关键的一点是要做到始终专注如一。要想做得比竞争对手好，就不要做别的，只做这一件事情，才有更大的机会超越别人。

——李彦宏

不用找风口，要看自己喜欢什么，擅长什么

　　风起莽原，一群肥嘟嘟的猪哼哼唧唧地往山顶上挤，因为传说那里是风口，可以让猪飞起来……这些猪就是互联网创业的跟风者。15年来，中国互联网高速发展，风口数不胜数，跟风者却傻如猪，很多人认为只要猪走到风口上（即赶上了热门的东西）就能飞起来。

　　马云曾经这样分析互联网的"猪论"："猪碰上风也会飞，但是风过去摔死的也是猪，因为你还是猪，每个人要思考怎么把控这个风，怎么去掌握好这个风，怎么提升自己，所以我觉得不应该去寻找风口，而是真正地把自己变成只需要一点点风就能够飞起来甚至能够翱翔的人。"马云认为创业者不应寻找风口，而应做好自己，这一观念与李彦宏不谋而合。

　　李彦宏说："整个中国市场是一个很大的市场，中国GDP连续这么多年快速成长，不断出现各种各样的机会。我们这一代人整体来说都是很幸运的，所以不用找风口。我从2000年回国到现在，这十几年来时时都处在风口上，吹得我难受，面对各种各样的机会，我焦虑的是什么能够不做，而不是还有哪些可以做。我只有回答什么不做，才能够真正聚焦，把真正适合我的东西做好。"

　　2014年5月29日，在百度世界大会上，李彦宏分析了未来中国互联网的两个发展方向，一个是新数据产业，一个是新企业级软件。李彦宏对未来中国互联网的预测与那些风口论不同，风口论往往是人人皆

知的秘密，而对未来中国互联网的预测，却很少有人能做到。所以，李彦宏不跟风，而是在专注做搜索，并在实践中积极摸索如何把搜索做大做强。

李彦宏说："如果你踏踏实实做，很可能做得越来越成功。如果天天想跟风，互联网金融热就做互联网金融，O2O热就做O2O，医疗跟互联网结合热就转去做医疗，这样是不行的。其实，因为中国市场大，每一个领域都有很多竞争对手，你看到的机会大家也都看到了。"

⟐ "新数据"：解决日常生活问题

曾几何时，智能穿戴设备很火，似乎成了新时代的发展风口，无数企业趋之若鹜、疯狂如猪。先是谷歌推出了谷歌眼镜，接着是微软推出了全息眼镜、索尼推出了智能腕带、英特尔推出了智能耳塞、高通推出了智能手表，等等，好像在一个硬件上面配上点儿数据就能变成智能产品。

智能穿戴产品的核心在于大数据技术，目前很多智能穿戴设备收集的数据都是一些不实用的信息，不能帮助人们解决日常生活中的问题。

李彦宏说："比如说最近比较火的智能硬件。戴个手环、弄个眼镜，搜集了很多数据，但把这些数据拿回来之后总觉得用不上，觉得没法分析。比如戴眼镜，人平时眼睛能看到的，一天24小时除了闭着眼睡觉之外，把剩下能看到的全部搜集过来，但这些有什么用？我们想来想去，其实是没有用的。

"还有，国家有关部门的卫星照了大量的卫星图片，数据量也非常大。我们百度做地图时，其实对这些东西也研究了很长时间。琢磨来琢磨去，觉得这个数据拿过来我们用不了。那它们就不是大家真正需要的东西。弄个手环，算一下我每天走了多少步、消耗了多少卡、心跳多少次，能帮助治病吗？我也问过很多医生，他们也说这东西不能帮助治病。

"我觉得下一个方向其实是新数据。就是要思考，什么数据能够真正地帮助人们解决问题。"

在李彦宏看来，数据不是大就是好，关键在于能否用来解决人们的生活问题。如果能解决人们的日常生活问题，这个大数据才是有用的"新数据"，否则还是没有用。

百度曾经研发出一种智能产品，叫做百度筷搜，也叫作便携式可识别搜索探测器，这种智能设备就将百度智能搜索与大数据技术完美结合了起来。

在2014年9月百度世界大会上，李彦宏隆重推出了百度筷搜。这双筷子除了头部和尾部装有银色金属装置之外，其他地方与平常人们用的筷子没有什么区别。这个小小的百度筷搜拥有智能检测地沟油、水果甜度、食物品种等特色功能，还可连接智能手机，人们可以随身携带，随时随地使用。

这个百度筷搜大致分为两部分：第一部分是装载微型检测传感器。科学家在百度筷搜植入了世界上最小的pH探头，用于检测pH值，而检测食物盐度、矿物质含量以及油脂则使用了电容和电阻环。为了让百度筷搜体积更小，该筷子还采用了全世界最小的蓝牙芯片TDK。

第二部分装载基于红外光谱的分析器（即"筷托"）。百度筷搜拥有全球最小的GDSU便携式红外光谱检测仪，在植入通信功能与手机连接之后，可以利用云端数据进行监测。现在，百度云端正在充实全面的食品光谱数据，并建立一个开放式的食品光谱数据平台。用户可以利用这个数据平台，检测出水果的种类、产地和饮用水酸碱度等。

百度筷搜以实用为王，主要解决人们的饮食健康问题。例如，患有心血管等疾病的人通过它的测量，可以得知每天摄入的盐、油是否过量。此外，百度筷搜对用户日常消费防伪以及保障孕妇和婴儿食品健康都有帮助。

可见，百度研发的智能产品，并非概念化产品（只有未来才有）、特工级产品（只特工才用），而是老百姓平常使用的现实产品。李彦宏说："百度筷搜已经成为现实，它是一种新的感知世界的方式，也是用户和消费者表达他们需求的方式。消费者反映的需求都反映在百度的将来。"

所以说，利用新数据+智能搜索技术解决人们的日常生活问题，将是未来中国互联网企业的发展机会。

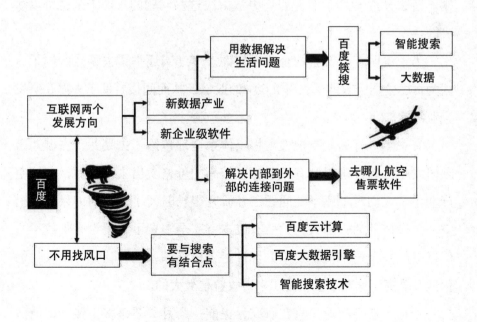

百度不用找风口

⑦ 新的企业级软件：连接客户与服务

除了要将大数据改造成有价值的"新数据"之外，李彦宏还认为企业级软件也是一个很好的发展方向，目前"BAT"三巨头在这个方向都不愿意做大。

李彦宏说："其实企业级软件，在发达国家，像美国等都有非常大的市场，孕育了很多市值非常大的公司，像IBM、甲骨文、微软等。微软公司原来大部分收入来自用户端，但现在有70%的收入是来自企业端。我估计未来这个比例会更高。一个企业级软件市场可以养这么多大公司，但是在中国没有特别大的企业级软件公司。

"在我心目当中，新的企业级软件是什么呢？它应该能够解决更多的问题。它不仅仅可以解决企业内部流程的问题，而且能够解决企业从内部到外部的连接问题，就是说，企业如何与客户打交道的问题。过去的企业级软件是没有办法解决这些问题的，而未来是可以解决的。"

为了说明什么是新的企业级软件，李彦宏还举了去哪儿的例子，因为百度公司已收购了去哪儿60%的股份，从而间接资助了去哪儿研发企业级软件。

有一年，青岛航空把整个售票体系全部包给了去哪儿，去哪儿必须研发一套软件确保所有机票都以较高的价格卖出去。然而，在航空产业中，人们对上座率的问题已经研究很长时间了，因为如果飞机上空一个座位的话，那么它的所有成本就完全浪费了，就没有价值了。所以对航空公司来说，要千方百计把飞机坐满，同时让每一个人付的价钱又最高，这对于航空公司来讲收益是最大的。

于是，航空产业一直在研究，提前一个月买票是多少钱、提前两周买票是多少钱、提前一天买票是多少钱、马上登机又是多少钱。但是，过去的研究主要是根据历史数据，比如说现在是5月29日，那么去年5月29日的乘客数目是多少？用户需求是多少？这种以过去推断未来的做法经常出现差错，就是飞机经常有坐不满的现象，或者坐满了也卖不上好的票价。

为此，去哪儿开发了一套软件，他们利用互联网的思维来研发，不仅考虑历史数据，还把很多其他有用的信息加进去，这样就能把票卖得更好。去哪儿不仅知道过去卖票的情况，也可以更好地预测到未来。他们根据人流的特点、环境发生的变化及竞争对手的情况等，可以卖出去更高的票价。当去哪儿认为需求不够的时候，就会自动把价格降得更低一些，或者提早降价。当然，如果航空公司认为会有足够多的人在最后一分钟买票的话，他们的票价就一直不会下降，这里会用到很多智能搜索和大数据分析技术。

如果没有智能化企业级软件操作，一般售票人员是不能实时作出这样灵活机动的处理的。

近几年，百度也研发出了一些"轻应用型"（不用下载，即搜即用）企业级软件。例如，百度汽车，可以进行汽车买卖；百度天眼，可搜索实时航班动态；百度外卖，可以在线订外卖的产品。还有，百度Hi聊天工具已成为百度内部数万人的沟通工具，百度脑图已经成为众多用户的在线脑图编辑工具。这些新的企业级软件解决了企业从内部到外部的连接问题，这与百度的移动战略（连接人与服务）相吻合。可见，百度要研发新的企业级软件，也离不开大数据平台与搜索技术。

李彦宏说："我创业这么多年，有一个很深刻的体会，很多我不擅长的事最后也勉勉强强做成了。所以，有专注的心态，就可能把事做成了。如果你的心态是哪儿有风口就到哪儿待着去，到那儿待的人实在太多了，你什么都不干，一会儿就被人挤跑了。所以，要看自己喜欢什么，擅长什么，是不是能坚持很多年一直做下去。"

　　不论是自营还是与其他单位合作做"新数据"以及"新的企业级软件"，这些貌似百度不擅长的事，其实都与百度云计算、百度大数据引擎、智能搜索技术有着千丝万缕的联系。李彦宏要做的东西大多与搜索有结合点，未来他不会像其他互联网创业者那样挤到风口去成为"飞天猪"，而是做自己擅长的大数据搜索和智能化搜索。

脚踏实地做核心业务，把事情做到极致

在百度未来商店里，各种智能硬件产品让人眼花缭乱。这些产品包括可以随时随地看电影的迷你投影仪，可以引导用户进入深度睡眠的智能枕头，还有VR（Virtual Reality）虚拟现实头盔，里面的VR视频、游戏和沉浸式视觉效果，让用户犹如身临其境……

百度是做互联网搜索的，为什么与智能硬件扯上关系了呢？我们先说一下背景，谷歌公司已通过收购不少机器人公司组建了"机器人军团"，通过智能硬件征服世界仅有一步之遥。

作为科技实力较强的公司，百度也不甘示弱，搭建了百度未来商店网上商城。

百度未来商店是由百度公司推出的智能创新产品网上商城，该平台给合作厂商提供智能产品曝光、评测、试用、销售等多种支持，并且对优质产品提供资金、技术、销售、推广等各方面的支持。可见，百度通过未来商店联合各个智能厂商，通过创新产品扶持联盟，积极构建未来"智能帝国"。

⁊ "百度最高奖"：为了把事情做到极致

面对未来，不论是百度人还是普通百姓都充满期待，或许在不久的将来，百度公司的智能翻译、智能自行车、智能芯片、智能筷搜和智能机器人等智能产品就会成为时髦家用产品。

李彦宏说："这是一个魔幻的时代，而我们每一个百度人，不仅能够参与到这个时代中，还在这个时代、这些创新中，做出自己的贡献。因此，我特别佩服大家，更为我们每一个百度人而骄傲！"

李彦宏希望百度人能脚踏实地做核心业务（即搜索技术），把事情做到极致，通过长期的持续创新，最终改变世界。

当年，李彦宏回国创业做PC搜索时"没有奖金只有辛苦"，仅凭一辆破自行车、租来的两间房、招来的几个学生兵，还有几台配置低的电脑，通过艰苦奋斗就实现了"野蛮成长"。

现在，时代不同了，很多年轻人"小资有余而狼性不足"，为激励百度人专注搜索、勇于创新、把事情做到极致，李彦宏在百度公司设置了"百度最高奖"，期待重赏之下有勇夫。

2010年7月，李彦宏提出了"百度最高奖"计划，主要针对公司总监级别以下的基层员工。由于它是最高级别的奖项，所以获奖门槛也很高，它要求获奖者为10人以下（含10人）的小团队，在公司重大项目工作中不断创新和突破，把事情做到极致，并产生远远超出预期的贡献。

李彦宏说："最高奖的标准没有变，什么样的人、什么样的团队能够获得最高奖？首先这个项目必须是一个小团队，小到什么程度？必须少于10个人。可以是一两个人，也可以是9个人、10个人，但绝不能是11个人。第二个条件，这个项目必须具有重大的意义。第三个条件，这个项目最后做出来的业绩要足够杰出、足够优秀，能远超期望值。这些就是我们最高奖所一直秉持的标准。"

每年夏天，在百度的夏日盛会（Summer Party）上，百度公司都会颁出百万美元大奖，以激励犒赏创新团队。自从"百度最高奖"出台

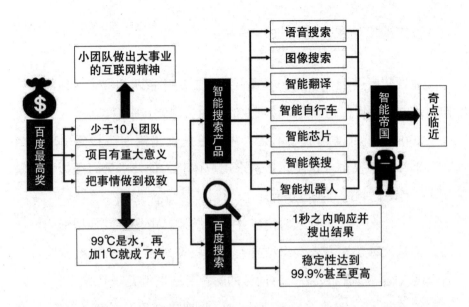

百度要把事情做到极致

之后，在百度员工中形成了你追我赶的创新高潮。

2011年8月，李彦宏说到做到，以百万美元奖励基层员工。百度公司的智能优惠管理系统团队在百度凤巢推广系统的基础上做了创新突破，实现了动态监控、量化考核、落实优惠等功能，再度提升用户体验，用户可以花更优惠的价钱就能达到更好的推广效果。该团队包括基层的技术和产品人员等共计10人，共同分享了第一次"百度最高奖"。

在颁奖晚会上，李彦宏激动地说："百度创立初期，5个人就完成了第一版搜索引擎的开发。今天，百度是一个更大的舞台，孕育着更多的机会，能够让更多小团队做出大事业。'小团队做出大事业'正是互联网的基本精神，一个优秀的小团队拥有创业的激情、创新的精神和把事情做到极致的态度，往往会为公司做出远超预期的贡献，并让优秀的人才从中脱颖而出。"

⊙ 1秒内搜出结果，稳定性≥99.9%

在颁奖晚会上，李彦宏看到百度员工欢呼雀跃的样子，他的思绪伸向远方，当年在北大资源楼创业的画面仿佛就在眼前。

2000年，百度刚成立不久，需要迅速做出第一版搜索引擎。当时，李彦宏不仅讲求速度，还讲求用户体验，他要求第一版搜索引擎要在一秒之内响应并搜出结果。

"为什么要在一秒之内响应并搜出结果？市场上其他搜索引擎产品，都是三秒钟左右才会出结果，让用户等一下，有什么要紧吗？"有百度人觉得没有必要在一秒两秒的问题上钻牛角尖。

"不行，一定要在一秒之内响应并搜出结果！"李彦宏斩钉截铁地说。

在李彦宏的坚持和督战下，百度人披星戴月、夜以继日地编程写代码、测试搜索结果、不断优化网站架构，几毫秒几毫秒地提高搜索响应速度。最后，百度搜索引擎终于实现了"秒搜"，即在一秒之内找到与关键词相关的网页和文件。

百度第一版搜索引擎的速度是上去了，可是稳定性不足，有时候用户因误录一些奇怪的字符，就搜不出结果来。这些奇怪的字符，要么是乱码要么是打错的字，用法毫无规范，人们从字面上根本无法理解，更不用说让搜索引擎去"理解和搜索"了。

"如果用户搜索十次，有一次不出结果也没有什么大问题，用户大不了再多搜一次就是了。"有百度人认为90%的稳定性已经不错了，不能老让用户牵着鼻子走，而是要让用户学会适应搜索引擎产品。

"不行，搜索响应稳定性必须要达到99.9%，甚至更高！"李彦宏坚定地说。百度人听了这话，如梦初醒，他们这才意识到李彦宏要的是一个全新的搜索引擎，而不是做得像哪个产品，在他眼里没有模仿，只有创新。

看到李彦宏坚持要在搜索引擎上实现登峰造极的效果，百度人只能打消麻痹思想，将事情做到极致。于是，李彦宏带领仅有的几个百度员工，终日在几台电脑间来回穿梭，通过不断的技术创新，不断增强相关搜索功能，解决了大量网页出错码的问题，如503（服务器忙无法响应）、404（目标页面被更改或移除）等。

2000年秋，百度第一版搜索引擎已经做到，不管用户在百度搜索框内输入什么关键词、字符（只要不是空格符，因为空格符会调转回百度首页），都能在一秒之内响应并搜出结果，而且稳定性达到99.9%甚至更高。

在草创之初，百度既没有良好的办公条件，也没有"百度最高奖"，但是李彦宏凭借着"小团队做出大事业"的互联网精神，将百度做到了极致。现在，数万百度人入驻雄伟的百度大厦，有了这么好的办公条件和物质奖励，更要发挥互联网精神，持断创新、脚踏实地做核心业务，把事情做到极致。因为只有把事情做到极致，产品才会"临近奇点"出现新的质变。正如李彦宏所说："99℃是水，再加1℃就成了汽！"

未来，百度员工只有把事情做到极致，不断研发智能化搜索产品（如语音搜索、图像搜索等），才能继续赢得用户信赖，以创新技术改变世界。相信经过百度人持断不断的创新与追求，李彦宏所期待的那个"智能帝国"会更快到来。李彦宏说："我期待着有一天，机器人的智能可以媲美人的智能，也就是奇点的临近。"

年轻人专注于某项事业最容易出成绩

天高云淡、鹰啸长空，黄褐色的沙漠、戈壁绵延数千里，有一条青色的高速公路，沿着长城布设，穿越茫茫沙漠。这时一辆宝马呼啸而来，又绝尘而去。在沙漠中高速行车，风沙很大，能见度低，很多司机都驶离了高速公路。可是，这辆宝马却任性加速，一路狂飙，犹有千里眼、顺风耳相助。原来，司机使用了一种最新的"实景出行"轻应用，可以轻松实现车未到而人已经看到前方路况。

编程马拉松：让优秀年轻人脱颖而出

这个"实景出行"轻应用，是百度LBS（位置服务）年轻团队研发的。它可以预先对行驶路面发起实时检索，提前10分钟告知司机前方路况。该应用不是推送文字信息，也不像一般导航那样进行语音播报，而是全程实时进行视频解读。当车辆行驶时，视频解读也会不断更新，让司机对前方路况了如指掌，正所谓车未到而眼已见！

为了激发年轻人在短时间内进行"头脑风暴"，快速将创意转化为产品，2012年6月，百度在公司内部举办了第一季编程马拉松活动，该活动极大激发了年轻人的创意。当时，有200多名百度工程师通过自由组队，疯狂编程和创新开发，诞生了近百个创意产品。当他们看到李彦宏到达现场时，每个人都争着展示自己的项目和产品。

李彦宏走到每个团队面前，认真倾听他们介绍产品和现实应用情况。有个"吃货联盟"团队开发出了"以菜品推店家"项目，帮助人们与美食建立连接服务。还有3名员工创意产出了"TV控制App"。这个App得到了活动评审的高度点赞，因为他们的应用可以直接用手机代替遥控器，通过"甩一甩"的方式将信号直接传输到电视上。

由于创意太多，李彦宏与年轻的员工们中午一起吃盒饭果腹。之后，李彦宏继续查看剩下的创意产品。有时候围观的人太多，椅子不够坐，李彦宏就蹲下伏在电脑前查看项目在电脑上的运行情况。

在总结会上，李彦宏说："百度公司有这么多年轻、有活力的工程师，作为管理者，就是要想办法去创造机制让优秀的人脱颖而出，编程马拉松就是这样一种机制。"

看到员工这么有创意，李彦宏决定将公司内部的编程马拉松活动扩大为全国范围的创新活动。于是，两年后，在2014年8月2日至3日期间，百度公司举办了百度轻应用编程马拉松活动，活动同时在北京、上海、深圳三个城市举行，活动主题就是"连接人与生活"。

百度要求所有活动参与者——由移动创业者、开发者、设计师、产品经理组成的团队，通过思想碰撞创新，在30小时内根据商家需求（包括北京协和医院、王府井百货大楼、上海万达百货、深圳周大生、佳洁士、中国平安等）迅速开发轻应用产品，提出解决方案。

百度轻应用编程马拉松以结果论英雄，它的精髓在于：很多人在一段特定的时间内相聚在一起，以他们想要的方式，去做他们想做的事情——整个编程的过程几乎没有任何的限制。

结果，该活动诞生了一大批轻应用产品，涉及领域包括健康医疗、智慧购物、餐饮美食和出行停车等。例如"无障碍生活助手"

（帮助残疾人出行）、"医asy"（拥有在线挂号、3D实景预览功能）、"鹊桥摄影"（提供高端摄影定制服务）等应用，均获得了创新大奖。这些创新轻应用，既充实了百度轻应用平台，也进一步落实了百度的移动战略（连接人与服务）。

李彦宏之所以这么青睐年轻人，是因为互联网几乎是年轻人的世界。李彦宏自己从求学到创业、从年轻到年长，一直专注信息检索研发，最后发明了"超链分析技术"和"对象识别方法和装置"。现在的年轻人，无论是"80后""90后"还是"00后"，他们更加聪明、创意更多，只要创造一个良好的机制，中国的年轻人就更容易出成绩。

对于那些极易浮躁、不能专注于某项事业的年轻人，李彦宏语重心长地说："从你毕业到30岁这几年，会是决定你生命中能否出成绩的最重要的几年。这一段时间非常宝贵，如果你好好干，把自己的能量能够在一个很好的平台上发挥出来，在30岁左右，你就可以做出非常伟大的事情。"

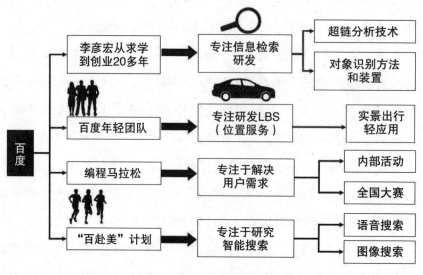

专注的年轻人更容易成功

⇗ "百赴美"计划：让优秀毕业生圆梦

除了百度编程马拉松机制之外，百度还制订了"百赴美"计划，就是在百度招聘的优秀毕业生中选出技术能力超群者，直接派往百度在美国的硅谷研发中心工作。

2011年，李彦宏在美国加州旧金山的森尼韦尔市硅谷园区设立了研发中心，现在谷歌的无人驾驶汽车正在园区里"东奔西走"。这对很多百度人和中国优秀毕业生是个鞭策。

由于美国硅谷有很多大牌的公司，像摩托罗拉、亚马逊、谷歌和微软等，所以百度硅谷研发中心，一直以来招人比较难。几年来，该中心招了100多名研究人员，其中有1/3左右是外籍人士，该中心正在进行人工智能领域的研究，其中包括噪声环境下的中文语音识别（即语音搜索）。在噪声环境下，百度硅谷研发中心的英语语音识别成功率达81%，已经超过苹果、微软与谷歌三家公司。在中文的语音识别研究方面，该中心也获得了重大突破。这些研究成果，对于百度在国内发力移动搜索的帮助很大。

为了解决研发中心人才青黄不接的问题，也让更多的中国优秀毕业生实现他们人生的硅谷梦，李彦宏制订了"百赴美"计划。李彦宏说："虽然百度是一家中国公司，但是百度不能仅仅关注中国市场。"

2014年10月，李彦宏来到南京大学演讲，有人认为他有智慧的头脑，可谓是名副其实的中国"最强大脑"。李彦宏却认为，自己并没有比别人聪明多少，也没有比"90后"这些年轻人幸运，只是比别人更加专注，也坚持得更久罢了。

李彦宏说："我也没有觉得我比别人聪明多少，我从小就没有这种感觉，我只是觉得我比大多数人更加执着。《最强大脑》我看了几期，那里面有很多人的记忆力都特别强，但我不行，我记忆力特别差，百度有多少人，百度去年的收入多少，百度上个季度的利润，这些我都记不住。这些在别人看来一个CEO应该很清楚的事情我全都记不住，所以我不觉得自己聪明。

"但是我从读大学开始，学的专业就是情报专业，一直从事与信息检索相关的东西。一直到今天，20多年的时间，就只干这一件事情，你说我是不是应该比一般人干得要好一点儿？很多时候人做出来的事情，让别人觉得他很厉害，而其实，他的厉害更多是由努力、坚持所导致的，而不是先天的聪明。人和人之间的聪明程度真的没有差别，更多是他的情商、他自己的理想、他的热情、他的学习能力，或者说是学习的意愿和动力导致他可以做一些别人做不出来的事情。"

百度人靠技术与专注取得成功。"百赴美"计划，就是为了鼓励更多年轻人投入到百度人工智能搜索的研发项目中来，以助推百度公司不断创新、不断变革，最终快速实现从PC搜索延伸到移动搜索，从关键词搜索延伸到智能搜索（如语音搜索、图像搜索等）。

创业者:准备失败、勇于创新、专注如一

在快速迭代的IT世界里,很多项目刚刚兴起之时,人人热议、风靡一时,但是很快又被新的东西所取代,重归沉寂。正所谓"其兴也勃焉,其亡也忽焉",IT项目的兴盛可以很迅速、势不可当,IT项目的消灭也可以很迅速,突如其来。

在社交网络产品领域,脸书、推特、新浪微博等平台汇聚了大量的忠实粉丝。有粉丝就有IP(网协给因特网上的每台计算机和其他设备分配的唯一的上网地址),有IP就有流量,有流量就有商业机会。所以百度这个做搜索引擎的网站,也想实施"产品社交化"。不过,尝试与创新是有风险的,是要付出一定代价的。百度说吧从兴起到关闭,生命周期很短,犹如"昙花一现"。可见,IT创业者既要快速创新,也要准备失败。

⊘ 关闭说吧,学会"闹中取静"

2009年,新浪推出了新浪微博,一时间社交类产品变成炙手可热的时髦项目。这种微博体仅需录入140个字符,极大地方便了手机用户利用"碎片化时间"进行信息分享。就这样,传统的网络博客、空间、社区纷纷败下阵来。

不久，腾讯推出了微信，用户不仅可以分享短信息，还可以分享微语音、微视频，结果差点儿杀死自己家养肥的企鹅QQ。很多网友每天都要刷新浪微博、点赞微信朋友圈，这样才能显出自己依然"活着、时尚着"。很快，阿里巴巴也推出了来往，宣称朋友就是要来往。

可见，在互联网中提供社会性网络服务的SNS产品已经火得不能再火了，因为它帮助人们建立社会性网络的互联网应用服务，让人们的沟通交流变得更加便捷、更加真切。

当时，百度公司显然被互联网产品社交化这股风吹得"晕头转向"，最后也开发了一个实名社交平台——百度说吧。2010年9月，百度说吧荣耀上线。这个百度说吧与百度贴吧、百度知道有所不同，百度贴吧以关键词建吧创造内容，而百度知道以问答的形式丰富内容，这两个平台都以用户创造内容以增强搜索结果为目的，而百度说吧却以互动交友为目的。

当时，注册百度说吧的用户需要与手机号码绑定，并且需要用户输入身份证信息，身份证系统还连接了公安系统的中国居民身份证的数据库，用户输入的身份证号码必须和姓名完全对应，才能通过认证。这样实名注册，显得很"高大上"。

百度说吧上线后，先从百度公司内部员工自用开始，再向全社会推广。当时，有很多百度人，包括李彦宏也注册账号，上去关注过自己的朋友。

可以说，百度说吧是网络实名制的先驱，也是先烈。因为国内网民高达数亿人，人肉搜索（用人工参与的方式提纯互联网搜索引擎提供的信息）能力又很强，所以很多网友不愿在网上留下更多个人信息，生怕隐私暴露，造成严重后果。由于人肉搜索造成了很多其他社会问题，所以到了2014年10月，最高人民法院出台相关规定，网站不得公开用户个人隐私和其他个人信息，网站用户实名制登记进入可操作阶段。但是，百度说吧不能等到这一刻（形势变好）了，因为在2011年8月百度公司就关闭了百度说吧。

网民不愿意在百度说吧上提交个人信息，所以百度说吧的用户量增长缓慢。于是，百度说吧陷入两难的发展境地，既没有用户基础，也没有盈利模式支撑，很快就被边缘化。因为新浪微博、微信公众号靠企业认证都可以赚得盆满钵满，可是百度说吧却无法靠交友类搜索推广收费。不久，新浪微博用户突破3亿，微信用户也突破了5亿，百度说吧的用户根本不能望其项背。

百度是专注做搜索的，现在却跟风做了社交化产品，多元化出手既分散了精力，也浪费了资源。所以，李彦宏决定关闭百度说吧。2011年8月22日，百度公司正式发布公告，宣布关闭百度说吧。

当时公告称："因公司业务调整，说吧即日起关闭发布入口，并将于8月22日起停止所有说吧服务，请在此期间备份您的个人数据。由此给您带来的不便，还请谅解。同时也欢迎您通过贴吧、知道等产品享受更多的百度社区服务。"

至此，刚出世不到一年的百度说吧就此夭折，如同昙花一现。

经过这件事之后，百度公司在产品设计和业务调整方面变得更加谨慎起来，因为李彦宏知道，越是热的东西越要认真考虑是不是自己的机会，只有闹中取静，专注于搜索主业，才能获得大发展、大前途。

李彦宏说："现在中国互联网还在早期阶段，网民队伍还在迅速扩大，随时都有可能出现新的技术、新的市场、新的需求颠覆我们现在的模式。把握不好，百度很快就会走下坡路。

"在非常热的市场当中，我送大家4个字——闹中取静。不要被产业表面的繁荣所迷惑，其实你自己能够做多少，你所在的公司，你所开发的产品，到底对这个市场有多长久的吸引力，才是最重要的。所以，我觉得大家不要被市场上突如其来的、一下火起来的东西所迷惑。

"比如微博很火，但是微博是你的机会吗？对于绝大多数创业者来说，微博不是你们的机会，微博是新浪的机会；SNS（社会性网络服务）也不是你们的机会，它是腾讯的机会。

"10年前，美国人说下一个杀手级应用是本地消费服务（Local），当时很多公司的创业者都跟着去做Local了，当然无一例外全都死掉了。10年后，中国人说杀手级应用是移动服务（Mobile），但是跟着做的企业，大部分也死了。

"所以，越是热的东西越要在自己脑子里面过一遍，看看这个东西是不是真是你的机会，如果你相信这个东西是你的机会，那你去做，不管市场有多么浮躁，有多大的噪声，我们都要闹中取静。"

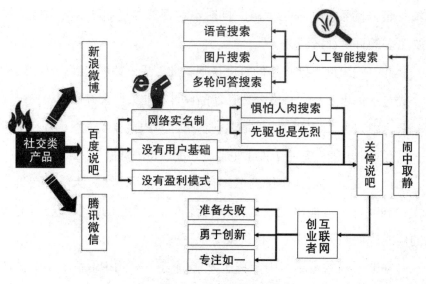

李彦宏给创业者的忠告

⊘ 未来搜索机会：人工智能搜索

在互联网世界，热门的东西如喷灯，盛极而衰；而追逐者如飞蛾，即使追上了，自己也会被烧死。互联网创业者最好选择一些冷门的领域，因为这些领域尚未被巨头发现或者不被人们所重视。

李彦宏说："对于互联网创业的年轻人我想送给他们三个词：准备失败，勇于创新，专注如一。具体讲，创业者要认识到99%的创业会以失败告终的残酷现实。创业时要选择尚未被发现或者不被重视的领域，以在资源上取得相对的优势，一旦选定方向，就要专注地去把它做到极致。"

李彦宏本人对搜索研究了20多年，其掌舵的百度公司成立十几年来也一直专注于做搜索业务，所以百度未来的机会还是在搜索领域，即人工智能搜索。

2015年1月，在极客公园活动中，李彦宏与人们分享百度搜索技术的第二个专利——对象识别方法和装置。可以说，李彦宏的第一个专利——超级链接分析技术实现了关键词搜索，而第二个专利则实现了人工智能搜索（包括语音搜索和图片搜索等）。

李彦宏判断说："未来的搜索，将会是用户用语音或者图片与机器的多轮问答。未来使用语音和图片搜索来表达需求的比例会超过文字搜索的50%，随着技术进步，语音精度越来越高，对图片识别精度也越来越高，人们的搜索需求将会得到更好的满足。"

李彦宏之所以这么喜欢人工智能搜索，这与他的业余爱好有很大关系。

李彦宏做互联网搜索业务成为中国首富之后，依然过着很简朴的生活。有时候，下属对他吹耳边风："人还是要有点儿乐趣的，要不活着多没劲呀。"可是，李彦宏却依然故我。

当然，李彦宏并不是没有一点儿业余爱好，他的业余爱好就是摆弄花草树木，这是他以前在硅谷上班时养成的爱好。李彦宏摆弄花草树木的时间久了，就对生物知识有了更多的了解。对于从未见过的新物种，他就会上网搜索相关资料，或者向自己的爱人（生物学博士）虚心请教。

2011年8月，李彦宏和吴鹰（UT斯达康创始人）、张磊（高瓴资本创始人）等人踏上"西藏行"。几个大佬轻装简从，一路西去。在路上，李彦宏对各种植物的学名、别称、分类、形态特征、生境分布了解得很多，充当起了全程"植物百科解说员"。

于是，这个"西藏行"，除了欣赏秀美风光之外，还特意增加了植物百科问答环节。大佬们碰到奇怪的植物，就要问身边的李彦宏，看他懂不懂。结果，并没有难倒李彦宏。

看到李彦宏对山野中的植物知根知底，张磊惊呼："我们服了，服了。"

经过这件事之后，李彦宏考虑得更多的是，百度应让更多的人平等地获得知识，而不应让知识成为少数人的专利。面对大自然这些千奇百怪的花草树木，老百姓根本叫不出它们的学名、别名，所以无法在百度上录入关键词进行搜索。如果网民拍下照片传到百度图片上，再通过图片搜索相关信息的话，就可以利用网络强大的信息资源为用户解答了。

于是，百度人通过技术研究，终于在百度图片上推出了"上传图片搜索相关信息"的功能。未来，百度人将进一步研发图片与机器的多轮问答搜索技术，以便让人们更加精确地获得所求。

对于图片与机器的多轮问答搜索技术，李彦宏解释说："比如，人们在路边看到一个野花，不知道叫什么花。拍了花的照片，以图像的形式输入进去，然后搜索引擎会问这个花是几月份开的，其实你知道现在是几月份，但是没有想到把这个东西也表达出来。你可能会说这是9月份开。

"然后，搜索引擎会问：这个植物大概多高？你说大概80厘米到1米。问完这些，搜索引擎才会告诉你这是什么花。也就是说，你会在搜索里得到更多的答案。比起PC时代，你会和搜索引擎对话，而不仅仅是只搜索一个结果。她会像一个机器人帮你整理思维逻辑，然后告诉你更多你想要的东西。"

越来越多的IT公司赴美上市，国内掀起了一波又一波互联网创业大潮，有些创业者动辄以"未来的马云""未来的李彦宏""未来的马化腾"自居，哪里热就往哪里去，最终还是为了上市创富。可是，李彦宏却清醒地指出："上市不是目的，只是企业发展的一个手段。"

在创业的路上，唯有创新才能生存，唯有专注才能超越。如果互联网创业者终日想着跟风与上市，没有在自己擅长的领域内精耕细作、专注如一，那么往往会死得特别快、特别惨。

第7章

资本运作：

培养搜索生态，而不是控股

　　百度投资了很多公司，而我们的投资只占了一小部分。未来这个趋势会更加明显，我们可能更偏重于去投资占小股，去培养生态，而不是控股。

——李彦宏

砸200亿做好糯米：不适合并购大型公司

经过"千团大战"（国内团购网站混战）之后，国内团购平台格局初定，百度糯米、美团和大众点评占据了大部分市场份额。团购属于O2O(线上结合线下）生活服务平台中的一种分类，近年来"BAT"三巨头纷纷通过资本运作的方式来布局O2O市场。

国内O2O市场大致可以分为4个部分：第一个是团购网站平台，它们重点对接餐饮美食、休闲娱乐、酒店旅游等商家，实现"线上下单，线下服务"。第二个是外卖网站平台，如百度外卖、饿了么、美团外卖等。第三个是在线电影网站平台，如爱奇艺、乐视、PPTV等。第四个是其他更加细分的本地生活服务O2O平台。

在这个巨大的市场面前，百度整合优势资源，依靠强大的资金、技术和决心做好"糯米"。经过发展，百度糯米已经汇集美食、电影、酒店、休闲娱乐、旅游、到家服务等众多生活服务的相关产品，并先后接入百度外卖、去哪儿网资源，一站式解决吃喝玩乐相关的所有问题，逐渐完善了百度糯米O2O的生态布局。

⊙ 追投糯米：服务比信息更有价值

2015年6月，在百度糯米O2O媒体沟通会上，李彦宏发布了"会员+"O2O生态战略，表示会拿出200亿元把百度的重要组成部分百度糯米先做好。为什么李彦宏会如此大力追投糯米团购网站？因为他想让糯米网像百度一样从PC糯米成功转型为移动糯米。

糯米网原是人人网旗下的团购网站，于2010年6月上线运营。2013年8月百度以1.6亿美元购得糯米网59%股份，2014年1月百度又收购糯米网余下股份，从而全资收购了糯米网。2014年3月，百度公司旗下的团购品牌糯米网正式更名为百度糯米。

这时，在团购江湖里已是群雄逐鹿、纷争不断，美团、大众点评、聚划算、拉手网等团购网站到处跑马圈地、抓档拉店，在美食、电影、KTV、酒店、美容美发、购物等生活服务领域，到处砸钱发红包，漫天遍撒团购优惠券与代金券，几乎达到"无人不团，无店不团"的境界。

为了改变团购大战的胶着状态，实现一飞冲天，李彦宏从百度公司账上拿出了2/5的现金以及所有的百度搜索技术来发展糯米网。正所谓"资本＋技术＝必胜的信心"。

在百度糯米O2O媒体沟通会上，李彦宏说："今天的O2O是非常没有技术含量的一个市场，很多人的做法就是砸钱、发红包，非常同质化，而百度糯米将是一种不一样的做法。这个做法不仅能使百度从中获益，也能够让合作伙伴、整个生态圈，以及和百度合作的商家获益，让消费者得到实惠。

"而这个东西是有技术含量的，是能够利用百度大平台的，是能够调起手机百度搜索、糯米、外卖等各种百度的资源去做事情。能够利用我们的语音识别、图像识别、自然语言理解、人工智能、大数据、深度学习……这些技术，来把这样一个连接人与服务的事情做好。

"我们有决心、有技术，当然我们也有资金。百度账上大概还有500多亿现金。我们先拿200亿来把糯米做好。希望我们的糯米能像百度从PC向移动转型一样成功，甚至更成功，因为服务比信息更有价值！"

百度的移动战略是连接人与服务，现在旗下的百度糯米也要实现移动转型，在移动时代为人们提供更好的O2O生活服务。因为服务比信息更有价值，因为只有服务才能真正满足用户需求，同时才能实现企业的创收和发展。

李彦宏说："移动时代的到来，尤其是O2O的快速发展，让我们意识到，百度不仅能够连接人和信息，也能连接人和服务。

"信息和服务之间有什么区别？我给大家举一个例子，比如现在搜索电影院，过去的百度给你的是周边的电影院在哪里、目前在上映什么电影，以及这些影片的介绍，基本上都是一些信息，没有办法进行下一步的操作。那么，服务是什么意思？是当你搜索电影院时，看到周边离你最近的电影院正在放映的电影，你可以点开任意一个时段，就会出现座位图，可以看到哪些座位已经卖出去了、哪些还可以买，选择座位之后就可以下单，直接购买电影票。这样在放映时，你直接到电影院就可以看电影了。这就是服务。

"这些服务背后是需要技术支撑的。它们和过去索引网页的搜索引擎是不一样的，我们要去连接线下各种各样的商家，把他们对接到我们的信息系统上，才能实现连接人和服务，才能让消费者不仅能找到信息、内容，还能下单，获得他们真正想要的服务。"

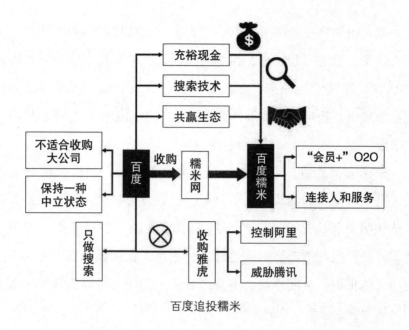

百度追投糯米

为什么不收购雅虎？

这次，百度拿出200亿追投百度糯米，帮助旗下团购平台做好移动时代的O2O生活服务，李彦宏显得志在必得、信心满满。因为百度糯米的O2O生活服务，与百度的移动战略相吻合，所以李彦宏一掷千金、毫不犹豫。其实，在资本运作方面，李彦宏还是很谨慎的，他认为百度不适合并购大型公司，但对连接人与服务的垂直产业却充满了兴趣。

在2012年3月的深圳IT峰会上，UT斯达康公司创始人吴鹰曾经在论坛现场给李彦宏算了一笔账。吴鹰煞有介事地说："目前，雅虎的市值约是200亿美元，百度的市值则约是500亿美元，如果百度收购雅虎，就能够拥有阿里巴巴40%股权，不仅能够控制阿里巴巴，还能够整合阿里巴巴旗下的电商，并给腾讯造成威胁，很显然这是一笔一举多得的买卖。"

通过投资打压竞争对手，一直是资本大鳄屡试不爽的绝招。在很多人看来，百度收购雅虎，控制阿里巴巴，威胁腾讯，完全可以颠覆"BAT"三国鼎立的格局，让百度一家独大。但是，李彦宏还是希望专注于做搜索，让阿里电商和腾讯产品都在上面做推广，并不想做"独孤求败"。

李彦宏回答道："从来没有想过收购雅虎，何况我没有觉得马云、马化腾是我们的最大竞争对手。以百度公司的定位，我们并不适合购买另外很大的公司。对于搜索引擎来说，需要保持一种中立状态，阿里巴巴的淘宝当时火热起来，也花了很多钱在百度上做广告，我不可能把他们深度控制，不然以后会出问题。所以，百度这么多年就只做搜索，没想干别的事情。"

多年来，百度只专注做搜索，希望在互联网中保持一种中立状态，不四处树敌。在赚取了庞大资金的同时，百度公司也在认真挑选使用搜索频率最高的垂直产业进行合作。所以，百度没有选择收购雅虎，而是选择全资收购糯米网，并追投重金做好移动时代的O2O生活服务。

"忽如一夜春风来，千树万树梨花开"，仿佛在一夜之间，百度糯米既获得了充裕的现金流，也拥有了百度全套搜索技术，在发展移动团购业务方面更是如虎添翼。目前，移动用户完全可以通过手机百度"生活＋"团购、百度地图搜周边、手机糯米等方式，在手机上就能完成下单并享受百度糯米的团购服务。未来，我们将会看到百度糯米在移动转型发展中的更多亮点。

百度并购91：最大并购容易，最成功并购难

虽然苹果手机在中国市场流行起来，然而很多中国用户并不习惯美国人设计的苹果iTunes。iTunes是一款数字媒体播放应用程序。依照苹果公司的设想，中国用户可以通过iTunes这个"虚拟商店"下载手机应用软件来管理和播放他们的数字音乐和视频。然而对于一些中国用户来说，iTunes的操作体验并不好，他们感觉玩不转。于是，91手机助手抓住这一市场时机，推出了很容易给智能手机装软件的91手机助手，结果俘获了不少忠实粉丝。

此后，91手机助手趁热打铁推出了专门针对安卓手机的"安卓市场"。由于谷歌的安卓操作系统在中国大部分时候被人习惯性称为"安卓系统"，因此一直到现在，甚至还有许多人认为"安卓市场"是谷歌官方开发的。其实，"安卓市场"是91手机助手研发出来的安卓软件和游戏下载平台。

一边通过91手机助手服务苹果手机用户，一边通过安卓市场服务安卓系统手机用户，一时间91手机助手发展成为强大的应用分发平台，因此91开始了大规模的流量变现。例如，出售应用商店的推广位置，以及与一些手机游戏厂商进行联合运营，推出广告系统、91熊猫阅读等其他业务等。91手机助手的迅猛发展，获得了百度的青睐。

⚡ 史上最大的并购案

2013年8月的一天，李彦宏亲赴福州91无线公司，宣布百度公司完成对91无线的全资收购，并作为独立公司运营与百度公司产生协同效应。在收购完后，91无线公司改名为百度91。

百度91于2010年9月成立，经过几年的快速发展，推出了91助手、安卓市场、91移动开放平台、91熊猫桌面、安卓桌面、91门户和安卓网等移动应用产品。发展到2012年底，手机用户通过91助手进行应用下载突破了100亿次，91助手已成为中国最大的第三方应用分发平台之一。

91无线进行应用分发，这跟百度长期以来进行流量分发，可谓是趣味相投。自从百度从PC搜索转型成为移动搜索以来，就十分重视提高手机应用分发的能力。早在2011年4月的百度联盟峰会上，李彦宏就提出了中国互联网存在的三大机会：中间页、读图时代、应用为王。

为了发展中间页业务，百度通过移动战略连接人与服务、连接3600行；为了拥抱读图时代，百度研发出了语音搜索和图像搜索；为了实现应用为王，百度全资收购91无线，以"金钱换时间"，一举获得了移动应用的分发能力。

按照百度与91无线的并购协议，百度将以现金形式向网龙公司（持股91无线57.4%）和其他股东收购91无线100%股权。此次并购交易总金额约为19亿美元，超过2005年雅虎10亿美元并购阿里巴巴，成为中国互联网史无前例的最大并购案。

李彦宏说："今天是一个非常有历史意义的日子，因为今天我们正式签署了百度和91合并的合同，而这样的一个交易是中国互联网有史以来最大的一个交易。从开始洽谈到签正式合同也就是一个月时间。为什么这么大的一个交易，这么有历史意义的并购，却在这么短的时间内做出来呢？我觉得最关键的问题是因为双方的趣味相投，双方的管理团队中有一种大家相互认同的感觉，所以我们才能够很快地把事情做出来。"

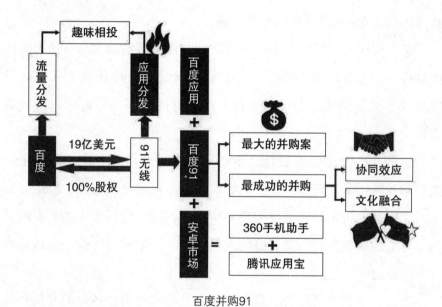

百度并购91

什么才是最成功的并购?

最大的并购不一定是最成功的并购，如何让最大的并购变成最成功的并购，李彦宏认为要做好两件事，一是发挥协同效应，二是做好文化融合。

第一，发挥协同效应。美国战略管理学家伊戈尔·安索夫曾经提出一种多元化战略的协同效应理论，该理论认为：企业可以通过人力、设备、资金、知识、技能、关系、品牌等资源的共享来降低成本、分散市场风险，以及实现规模效益。百度做搜索，而91无线做应用分发平台,原本两者八竿子打不着。后来,百度在移动战略的框架下,并购了91无线,谋求多元化发展。两者并购之后,既实现了资源共享,也实现了优势互补,百度分享出庞大流量和搜索技术,而91无线则分享出应用分发能力与丰富的移动应用产品。最终,使并购双方获得协同效应,保持了市场竞争优势。

李彦宏说:"91做的事情和百度现在做的事情确实是有很大的协同效应,因为从本质上讲大家都是在做分发,百度传统上在做流量的分发,大家都知道百度每天几乎给所有的中国网站都带去很多的流量。

"那么,91主要在做什么事情呢?在做应用的分发,而应用又是移动互联网最主流的一个产品形式。但是流量分发也好,应用分发也好,本质上讲都是在分发用户,所以我们这个协同效应是非常明显的。有好的协同效应,又有好的文化融合,所以我们对这个交易是非常有信心的。"

第二,文化上的融合。双方企业在并购重组中,各自的文化必然会产生相互交融、相互吸收、相互渗透,最后融为一体的过程。双方企业在文化上,如果融合得好的话,将有利于制定企业发展战略,对于资产优化、业务调整、管理整合都很有帮助。如果融合不好,你做你那套,我做我这套,那么双方将无法实现无缝沟通与协同效应。

李彦宏说:"19亿美元的一个交易,不是一件简单的事情,事实上,历史上绝大多数的并购,尤其是当规模足够大的时候,因为文化融合不好,最后的结果是都失败了。"

在硅谷工作期间,李彦宏就亲身经历过因文化融合不好而导致失败的并购事件。

1997年,李彦宏从道·琼斯子公司跳槽到搜信工作,继续从事心爱的搜索研究工作。大约过了一年，搜信公司的老板认为，以后的发展方向还是传统媒体，搜索永远是工具，而传统媒体却能以另外的形式存在。在这种理念的指导下，搜信公司积极寻找战略投资者。

当时，美国迪士尼娱乐公司在电影产业方面获得巨大成功，于是也在不断开展多元化战略，主要业务陆续拓展为娱乐节目制作、主题公园、玩具、图书、电子游戏和传媒网络等领域。很快，主要做搜索引擎的搜信被列入了迪士尼的收购列表中。

1998年6月，迪士尼收购了搜信公司40%的股份。当时，迪士尼管理团队信誓旦旦地说要把搜信和它所有的网站资源整合到一个新的互联网品牌之下，就是后来的go.com（迪士尼旗下的一个娱乐资讯搜索服务网站）。这一次并购，使华尔街兴奋无比，因为很多投资者，连同搜信的员工都受益匪浅。当时，李彦宏就持有搜信不少期权，收购之前，李彦宏的期权价格是5美元，收购后就涨到100美元，从账面财富上看，李彦宏一下就成了百万富翁。李彦宏虽然成为了百万富翁，但是自己服务的搜信公司正经受着强烈的文化冲突。

在文化方面，搜信公司崇尚技术，以技术论英雄，处事方式多是激进冒险、挑战权威；而迪士尼却推崇论资排辈，上级权威不容侵犯，员工要想获得提升，不全靠技术与能力，还要看是否对上级权威服从，上级权威大于行动结果，所以当时迪士尼的行事方式既传统又保守，既缓慢又滑稽，他们是在以娱乐的心态做搜索。这种文化冲突的结果，让搜信公司的业务发展停滞不前。

搜信被迪士尼公司收购后，由于迪士尼对搜索引擎领域没有给予足够的支持，致使搜信原有的搜索业务无法获得持续开展，而迪士尼要将其整合为综合门户的做法也没有明显进展。这种貌合神离的合作，最终还是出问题了，搜信公司亏损不断。最后，1999年8月，搜信创始人把公司全部股份抛售给迪士尼，搜信的股票随后转成了go.com的股票。搜信这个互联网搜索引擎的"先驱企业""老牌公司"，就这样在硅谷永远地消失了。再后来，我们都知道了，李彦宏回国创办了百度。

现在，李彦宏主导百度公司收购了91无线，他要尽量避免迪士尼收购搜信后的惨败，所以他让91无线继续作为独立公司运营，同时积极促使91无线与百度公司进行文化融合。所以，在收购91无线发布会上，李彦宏再次向91无线的员工重申了百度的文化。

李彦宏说："未来的融合也是一个很重要很艰巨的任务，我们双方都要去努力把这件事情做好，我们不仅要做中国互联网有史以来最大的并购，更要做中国互联网最成功的并购，这是我们的觉醒。

"百度的使命就是让人们最平等便捷地获取信息，找到所求。这就是百度存在的理由。百度的文化就五个字：简单可依赖。简单就是没有公司政治，不琢磨那么多乱七八糟的事，直来直去。可依赖就是你有胆识，并且别人交给你的活儿他是很放心的。"

自从收购了91无线之后，百度的应用分发能力进一步加强，形成了百度应用、91无线和安卓市场"三剑客"的强强联合。2014年，百度系、360系和腾讯系三大应用分发平台共占据86%的市场份额，而百度系（含安卓市场、百度手机助手、91助手、百度手机浏览器、百度搜索等）则独揽了41.8%的市场份额，接近于360手机助手和腾讯应用宝市场份额之和。就这份成绩单来说，百度并购91无线是比较成功的。

百度教育剑指公平：全资收购传课

在一个金风沉醉秋意浓的日子，有一位校友重新回到了自己高中时就读的母校。只见校门正前方有一块巨石上面笔力遒劲地书写着"阳泉一中"，两旁白色的校舍左右延伸，犹如携带梦想起航的帆船。教室里传出学生们的琅琅书声，勾起了他多年前的回忆。

他就是李彦宏，1984年9月至1987年6月期间就读于阳泉一中，在校期间曾获得过"三好学生""优秀团员""先进青年"等荣誉称号。现在，他回到母校，百感交集。

➲ 政协提案，促进教育平等

李彦宏说："我中学读书时在山西阳泉一中，是当时全省五所改革试点中学之一，在山西是很好的学校，但多年后，我从美国回来后再回家乡看，却感觉母校的实力比以前弱了。

"我问当地的亲友为什么，他们却说现在稍微有点儿门路的人就会把孩子送到太原去读书，不在阳泉读了，而太原好的学校也能把阳泉最好的老师挖过去。优质生源和师资不断流失，这样，好学校越来越向大中城市集中，相对偏远一点儿的学校，实力就不断下降。

"家庭条件好、有门路的人可以跟着去，但对于那些农村的孩子来说，他们能获得的教育条件就比以前更差了，这是件很不公平的事情。"

李彦宏在教育慈善方面做了很多工作。2009年，李彦宏向母校北京大学捐赠1000万元，设立北京大学"李彦宏回报基金"，用于支持北京大学各项教育建设。2010年，李彦宏向山西省阳泉市政府捐款1000万元，用于支持阳泉市城市智能化建设及升级，支援母校的教育信息化建设。2012年10月李彦宏又拿出1000万在阳泉投资了百度云计算（阳泉）中心，为社会提供百度云存储、云操作系统等优势资源。

但是，这些教育慈善活动并不能从根本上解决教育公平的问题。要想做到教育公平，最可行的办法是，就像做百度搜索让人平等地获取信息一样，让教育资源上网，免费共享。

2014年3月，在全国政协会议上，李彦宏向大会提交了两份提案，其中一份提案关注在线教育领域。

李彦宏在教育公平提案中热切建议：第一，相关部门联合制定《中小学教育资源上网管理办法》，各地学校将教案、课件、试题等资料通过互联网向社会免费公开、共享。第二，完善各地学校的网络基础设施，提供电子化教育资源制作的培训和服务支持，引导学校高质量开展教育资源公开上网工作。第三，加大宣传和培训力度，让更多经济不发达的偏远地区的家长和学生了解并学会使用互联网，平等获得优质教育资源。

李彦宏说："当前，教育资源分布不均衡，大量优质中小学教育资源集中在小部分学校。这些资源向社会开放不足，非本校学生无法使用，大多数偏远地区和农家子弟更是无法共享这些优质教育资源。这不仅未能最大限度地发挥教育资源的效益，更产生了严重的地区间教育不平等问题。"

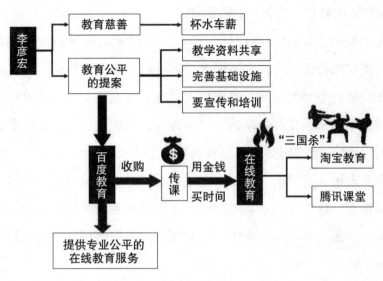

百度教育剑指公平

◉ 收购传课，发力在线教育

为了促进教育公平，百度推出了百度教育产品，它是百度打造的专业公平的在线教育平台，旨在为成千上万的普通人提供公平的师资、课程、资源，努力做到教育面前人人平等。现在，百度传育的核心内容包括教育文库（免费共享的教学参考资料）、作业帮（免费的学生作业问答手机应用）和百度传课（低收费的在线教育平台）。

以前，百度教育只有文字信息和作业问答互动，需要进一步补充在线视频课程。不过，打造一个全新的在线教育视频网站已经没有必要，因为市场上已经有了一个较为成熟的此类平台——传课网。

2014年8月，百度以1000万美元全资收购在线教育平台传课网。在收购完成之后，百度的在线教育业务与传课网合并，组建百人团队的在线业务"百度传课"。可以说，这是对新东方在线与"腾讯课堂"

合作进军在线教育市场的一个明显回应。

传课网创立于2011年12月，是中国教育领域新兴的在线教育平台。百度收购传课网后，一方面，百度可以"用金钱买时间"，省去搭建在线教育平台的时间，迅速切入市场，占据主动权，这给百度实施教育公平奠定了良好的基础。另一方面，传课网可以享受到来自百度强大的流量、搜索技术和教育机构资源。

李彦宏说："目前，很多百度用户是通过百度搜索相关内容，从而找到教育、培训等网站和资料的。而百度所要做的是将搜索信息延伸到下一步的服务——连接用户与服务，让人们的信息需求能够更好地得到满足。"

百度传课既是百度教育的发展与延伸，也是百度移动战略（连接人与服务）在教育产业上的发挥。现在，百度传课正好连接了学生与在线授课服务，而且百度传课的收费也比较亲民，用户只要花上几十块到几百块钱就可以观看很多专家的在线视频课程。线下那些收费昂贵的培训班往往让那些节衣缩食的学生、精打细算的进修者望而却步。所以，从某种意义说，百度传课通过全民共享在线课程，也探索出了一条教育公平的新路子。

不久，阿里巴巴推出了淘宝教育。就这样，在线教育很快又陷入了"三国杀"局面：腾讯课堂，提供互动教学视频直播服务；百度传课，提供专业公平的在线教育服务；淘宝教育，提供名师互动和网络私教服务。三大在线教育平台，各有千秋，各有活法。可见，合理的市场竞争，可以让在线教育发展得更加完善，更加便利，也更加公平。

收购PPS并将其与爱奇艺合并：构建搜索生态系统

2015年2月18日晚上20:00，春晚准时向全国人民播出。歌舞表演、小品相声、魔术杂技、曲艺等节目接踵而至，让人眼花缭乱、目不暇接，引爆全民大狂欢。

春晚期间，除了电视收视率爆棚之外，在线直播平台也十分火爆。2015央视羊年春晚首次通过爱奇艺平台面向全球直播，并在直播结束后快速提供直播转点播服务。全国人民在欣赏"High翻全场"的综艺节目的同时，也对爱奇艺这个网络视频播放平台有了更多的了解。

◉ 搜索生态组合：搜索+位置服务+中间页业务

爱奇艺是国内首家专注于提供高清网络视频服务的大型视频网站，由百度公司于2010年创立，依托百度强势资源，径直杀入网络视频市场。2012年3月，优酷网和土豆网两大视频巨头宣布合并，成立了优酷土豆公司（以下称优土，后改为合一）。一时间，优土公司占据了绝大部分网络视频的市场份额。

就在优土公司认为"市场一片向好，足以高枕而卧"的时候，百度又有了新的动作。2013年5月，百度以3.7亿美元（约合22.77亿元人民币）收购了PPS视频业务，并将PPS视频业务与其旗下的独立视频公司爱奇艺进行合并。从此，中国网络视频市场进入"超级双寡头"时代，一边是爱奇艺PPS"摇旗呐喊"，一边是优土"簸土扬沙"。为了改变旗鼓相当的局面，2014年4月，优土又引进阿里巴巴和云峰基金12.2亿美元的战略投资，以增强市场竞争能力。

有分析人士指出，百度公司奇袭网络视频属于不务正业，其实这是百度公司进一步落实移动战略（连接人与服务），构建搜索生态系统的重要布局。因为中国网民在网上搜索视频的需求在不断增长，所以百度公司做出相应布局，以便让搜索用户得到更好的满足。

2014年，中国互联网发展报告显示，全国有6.49亿网民，单个网民每天平均上网达到3.7小时，其中20岁到40岁的网民最多，核心群体是20多岁的年轻人。这些年轻人上网主要干些什么呢？

目前，我国互联网应用使用率最高的是即时通信，90.6%的网民在使用；其次是搜索引擎和网络新闻，占比80%；然后是网络音乐、视频、游戏和购物等应用，都在稳步增长中。可以说，越来越多的年轻人通过网络搜索获取资讯和娱乐节目。

为了持续满足网民在视频娱乐方面的搜索需求，百度收购了PPS，并与旗下的爱奇艺进行合并，为网民提供更多视频内容。爱奇艺甚至还签下2015春晚独家网络直播与点播权，以便更好地为数亿用户提供视频播放服务。爱奇艺PPS连接了人与视频服务，属于李彦宏所说的中间页业务（连接3600行）。

多年来，"BAT"网络巨头都积极打造自己的商业生态链。阿里巴巴集团主要做电商生态，核心组合包括O2O+金融+电子商务，其投资领域包括移动互联网（UC优视）、物流（海尔集团日日顺）、金融（天弘基金、众安在线保险）、在线旅游（穷游网）、社交SNS（新浪微博）、打车软件（快的打车）、在线音乐（虾米网、天天动听）、导航地图（高德地图）、电子商务（闪购电商平台魅力惠）等。

腾讯主要做微信生态，核心组合就是即时通讯+互动娱乐业务。腾讯的投资领域包括打车软件（滴滴打车）、金融（众安在线保险）、电子商务（万达电商）、社交SNS（开心网、快看）、游戏（美国游戏开发商Riot Games、韩国游戏公司CJ Games）、移动互联网（移动医疗丁香园）、O2O（大众点评）、搜索（搜狗）、安全（金山网络）等。

百度主要是做搜索生态，核心组合是搜索+LBS（位置服务）+"中间页"业务。所以，百度投资的触角延伸至旅游、电商、视频、文学、团购、教育等诸多领域。

百度投资的搜索业务包括网址导航（hao123）、应用分发（91无线）、内容推荐平台（Taboola）、音乐播放器（天天静听）、输入法（点讯输入法）、游戏（蓝港互动）、文件浏览器（亿思创世）、语音（捷通华声）等。

百度投资的LBS（位置服务）包括团购O2O（糯米网）、拼车应用（Uber、51用车、天天用车）、公交WiFi网络（华视互联）、分类信息网站（百姓网）等。

百度投资的中间页业务项目包括视频网站（爱奇艺、PPS）、在线旅游（去哪儿）、在线教育（传课网）、线下教育（万学教育）、房地产（安居客）、数字出版（番薯网）、移动应用开发（点心移动）、无线移动（悠悠村）、数码科技（百分之百数码科技）、网络文学（纵横中文网）、时尚媒体（YOKA时尚网）等。

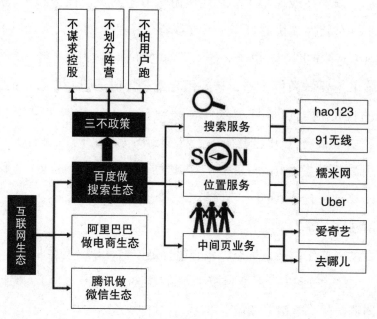

李彦宏构建搜索生态系统

⊙ 搜索生态系统中的"三不政策"

百度公司的搜索生态系统，以在线业务为主、线下业务为辅，因为在线业务与网络搜索的结合度是最高的。为了整合和管理好这样大的一盘局，李彦宏提出了生态开放、共生多赢的"三不政策"。

2015年5月，在百度的第十次联盟峰会上，李彦宏详细解释了百度公司在构建搜索生态系统中的"三不政策"。

第一个"不"：不谋求控股，坚决地做工具。在构建搜索生态系统工程中，百度一般不会控股，而是让投资的公司继续独立经营。在品牌方面，百度执行双品牌结合，即百度+收购的品牌，如百度糯米、百度91、百度传课。很多创业者视企业为自己的孩子、自己的命，很多巨头收购了其他企业却消灭了它的品牌，这给后面的文化整合带来更多难题。所以，李彦宏多次告诫创业的青年人："不要轻易将主动权交给投资人，在创业的过程中没有人会乐善好施。一定要在尚不缺钱的时候借到下一步需要的钱。"

现在，百度成为了"BAT"巨头之一，手上有了钱但是"不任性"，在收购过程中，百度十分注重发挥双方的协同效应，而不是控制再控制。李彦宏解释说："百度投了很多公司，而我们的投资只占了一小部分。未来这个趋势会更加明显，我们可能更偏重于去投资占小股，去培养生态，而不是控股。所以，如果过去百度给了大家一个要做什么事情都要控股的印象的话，现在我们需要澄清一下，我们没有这样的想法，我们不谋求控股。"

第二个"不"：不划分阵营，以开放的形态进行合作。多年来，百度一直强调让人们平等地获取信息、获取服务，这是百度的使命。所以，在投资其他业务、构建搜索生态系统时，百度也十分重视要建立平等的、开放的合作关系。李彦宏解释说："我们认为绝大多数公司都是有独立人格的公司，他有自己的发展道路，他应该为他的所有的股东谋求最大的回报，所以他是一个独立的个体。既然它是一个独立的个体，就应该和我们是一种平等的、开放的合作关系，只要有合作点，我们就会想尽一切办法让这个合作发生。我们不会为某一个公司贴一个标签或者划分一个阵营。"

第三个"不"：不怕用户流失到合作单位，共同经营、分享成长。现在，百度的战略已经从PC搜索（连接人与信息）延伸到移动战略（连接人与服务）。连接人与服务，就是要让百度连接3600行服务，以弥补O2O（线上结合线下）不足的问题。在这种情况下，百度独占市场只能树敌更多，不如与行业佼佼者共同经营、分享成长。

李彦宏解释说："我们要连接人与服务。实际上，连接人与服务这个领域是非常广阔、非常大的。这个领域的事情不可能都由百度一家来做，所以我们要跟别人合作。过去我们讲360行，其实今天的社会应该有3600行，而每一行都有可能出现佼佼者，做得好的甚至还可以创造出新的行业。

"过去很多人会问，如果你连接了他，他将来把你的用户都洗掉了，你不是吃亏了吗？甚至他将来把你封杀掉，你不是更完蛋了吗？其实，我认为这没有关系，因为你只是3600行当中的一行，而我们是3600行的一个通用平台。所以，我们在连接人与服务的时候不害怕被洗用户，我们更愿意和大家一起往前走。"

现在，百度经营的是搜索生态，阿里巴巴构建的是电商生态，而腾讯做的是微信生态。"BAT"三巨头的触角越伸越多，市场越来越集中，竞争也越来越激烈。

第8章

中国大脑：

全球规模最大的人工智能共享平台

提出"中国大脑"这样的项目，是希望集我们国家之力，做一个全球规模最大的人工智能共享平台。也就是几十万台服务器，让我们的科研机构、高校、民营公司、国企甚至是创业者，都可以利用这个平台去做各种各样的创新。

——李彦宏

百度加紧研发无人驾驶汽车

继谷歌宣布研发自动驾驶汽车后，中国互联网搜索巨头百度也启动半无人驾驶汽车的研发计划。在谷歌的设计概念里，自动驾驶汽车是没有方向盘的，一切交由自动驾驶系统来完成。在谷歌推出的测试版无人驾驶汽车中，它的内部设计了非常宽敞的双人座椅区，还有一个类似操控汽车的功能区，在右后视镜方向的位置还悬挂了一台显示器，就是没有任何方向盘。

但是，百度并不认可谷歌这种设计概念，计划保留方向盘。因为，这样做可能更加适合中国的交通环境。一旦自动驾驶系统出现故障，用户还可以通过方向盘掌控无人驾驶汽车。

⊘ 吸引顶级科学家，继续投资人工智能

无人驾驶汽车是一种智能汽车，也可以称之为轮式移动机器人，不仅技术门槛高，而且安全隐患也多。自从谷歌发明无人驾驶汽车以来，就发生了多起故事，大多是被其他汽车追尾。所以，谷歌团队考虑在交通事故发生前要给注意力不集中的驾驶员提个醒。

无人驾驶汽车玩的是"智能"而不是"电动"，主要依靠车内以计算机系统为主的智能驾驶仪来实现无人驾驶。在该领域，国内外

很多公司早已知难而退，但是百度迎难而上，计划推出百度无人驾驶汽车。

2014年7月，百度公司启动了"百度无人驾驶汽车"研发计划，由北京深度学习实验室负责运作该项目。2015年3月，在深圳IT领袖峰会上，李彦宏透露："百度无人驾驶汽车近期将推出。百度会与第三方汽车厂商合作，不会自己去做硬件。"

百度研发的无人驾驶汽车更适应中国的路况。它可以自动识别交通指示牌和行车信息，具备雷达、相机、全球卫星导航等电子设施，并安装同步传感器。车主只要向导航系统输入目的地，汽车即可自动行驶，前往目的地。在行驶过程中，汽车会通过传感设备上传路况信息，在大量数据基础上进行实时定位分析，从而判断行驶方向和速度，真正做到操控精准、智能安全、愉悦体验。

研发无人驾驶汽车可以说是百度在人工智能领域的最大举措。要想获得成功，不仅要有良好的技术基础，还需要有权威科学家和维系科研所需的庞大资金。近几年来，百度一直加大对人工智能的投资，李彦宏的做法，就是一边吸引顶级科学家加盟，一边继续投资，最终要实现"以技术改变世界"的梦想。

2014年5月，38岁华裔美国人吴恩达来到北京百度大厦，他发现百度的大数据引擎已初具规模，百度的工程师十分敬业，个个都想进行创新突破，数万百度人十分认同百度的文化，执行力很强。

吴恩达是斯坦福大学计算机科学系和电子工程系副教授，人工智能实验室主任。他的主要成就在于机器学习和人工智能领域，是该领域最权威的学者之一。

2010年，吴恩达加入谷歌开发团队XLab，为谷歌开发无人驾驶汽车和谷歌眼镜。2011年，吴恩达与谷歌顶级工程师合作建立全球最大的"神经网络"，推动深度学习算法。该神经网络被誉为"谷歌大脑"，而吴恩达则被外界誉为"谷歌大脑之父"。

2012年6月，吴恩达领导谷歌科学家，用1.6万台电脑搭建模拟了一个人脑神经网络，并向这个网络展示了1000万段随机从YoutTube上选取的视频。结果，这个系统在没有外界干涉的条件下，自己认识到"猫"是一种怎样的动物，并成功找到了猫的照片，识别率为81.7%。"识别猫"成为"深度学习"领域的经典案例，意味着"机器懂得自己学习知识了"，吴恩达也一举成为人工智能领域的权威学者。吴恩达当时表示，未来的无人驾驶汽车上使用该项技术，就可以来识别车前面的动物或者小孩，从而及时躲避车祸。

百度公司为了做好人工智能求贤若渴，所以在招募吴恩达时做了很多铺垫。

王劲（百度技术副总裁）与吴恩达很久前就认识，所以与吴恩达交流起来无任何障碍。2013年，王劲邀请吴恩达两次造访百度，看看百度公司的发展情况。吴恩达造访期间，王劲借机向李彦宏力荐这一"权威学者"。当时，吴恩达是在线教育平台Coursera的联合创始人，并没有跳槽之意。李彦宏当即表示要"密切关注他"。于是，王劲就"跟了他好久"，以寻找最好的时机招募他加盟百度。后来，王劲又几次赶到美国去跟他当面探讨"人工智能"的问题，希望能"说服"吴恩达加入百度。

2014年5月，王劲专门邀请吴恩达来到北京与李彦宏见面。现在，吴恩达重新来到百度大厦，他这次要做出一个决定：是否加盟百度。

很快，午餐会开始了，李彦宏亲自出来与吴恩达见面。因为李彦宏在美国留过学，也在硅谷工作过，所以双方有很多共同话题。在3个小时的午餐会上，吴恩达和李彦宏就人工智能的研发愿景、管理形

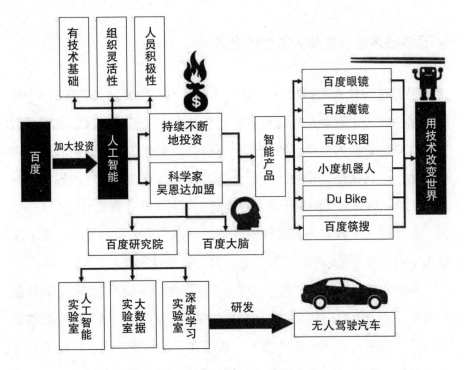

百度加大投资人工智能

态等很快达成了共识，李彦宏希望能举百度之力促进中国发展人工智能，最终使吴恩达下定决心加入百度公司。除去前面铺垫的时间，从百度正式发出邀请到吴恩达本人最终敲定加盟，前后仅仅花了10天，效率非常高。

2014年5月16日，吴恩达加入百度，百度公司随即任命吴恩达博士为百度首席科学家，全面负责百度研究院，尤其是百度大脑（Baidu Brain）计划。目前，百度研究院包括三大实验室：硅谷人工智能实验室、北京深度学习实验室（原深度学习研究院）和北京大数据实验室。

⬈ 百度技术足以支持人工智能发展

吴恩达为什么选择加入百度？吴恩达说："我加入百度有3个原因。第一，人工智能是一项资本密集型技术。要取得进展，就需要数据和计算机资源的支持。数据比计算机资源更难获得，但两者缺一不可。第二，灵活性。作为一个大企业，百度拥有着令人难以置信的灵活性。第三就是员工的积极性。百度的工程师工作非常卖力。"

有了在人工智能方面最权威的学者，还需要大量的资金，为了做好人工智能，李彦宏不在乎别人怎么看，就是愿意投入。

李彦宏说："2014年第三季度（百度）的净利润率是29%，而往前推两年，2012年第三季度，净利润是53%。短短两年，百度的利润率下降得这么厉害，说明我愿意投入，我不在乎华尔街怎么看，也不在乎百度股价会再跌掉一半或者更多，我一定要把人工智能做成。

"美国有很多互联网公司都是职业经理人在打理。其实即使有钱，职业经理人也不敢做这样的决策。利润率从53%跌到29%，董事会可能在中途就会说该换个人来做了。所以有钱也没用，根本不敢做这个事情。"

由于有顶级科学家加盟，再加上持续不断地投入，2014年百度在人工智能方面，取得了很好的成绩，百度眼镜、百度魔镜、百度识图、小度机器人、Du Bike、百度筷搜等"未来产品"纷纷涌现出来。

这样的成绩，让李彦宏喜出望外。李彦宏说："之前我决定（在人工智能领域）大手笔投入的时候，我觉得这个事儿5年、10年以后才能受益。但没想到，一两年后，已经看到了对我们现有业务的提高，这是超出自己想象的。"

其实，人工智能这个学科诞生已有半个多世纪。李彦宏在留学美国时，也很喜欢人工智能这门课，但是那时候学校里的人工智能课程只是个花架子，没有什么实际的应用。后来，吴恩达将深度学习方法引入了人工智能领域，让机器模拟人脑思考，最终获得了重大突破。在吴恩达看来，目前百度的技术已经足以支撑人工智能的发展需要。第一，百度拥有世界上最好的GPU深度学习基础架构，科学家就能据此训练更大的模型，也可以训练规模中等而速度更快的模型。第二，百度在语音搜索方面也取得巨大进展。在此成果上，百度就可能重新设计移动产品，推动物联网的革命，让汽车界面、家用设备、可穿戴设备都离不开语音搜索。第三，机器理解用户行为。百度可以通过多种设备上的数据理解用户，例如把搜索数据、广告数据、位置服务数据放到数据库中，创建用户个人数据。最后，通过深度学习，不断提升人工智能水平，最终用大数据服务于用户。

一旦人工智能技术再获突破，百度将会再次改变世界。李彦宏说："现在已经可以看到一些端倪，如无人驾驶汽车、智能机器人，可以看到有机器人代替酒店的行李员帮你拿行李，很多事情现在就已经可以做。但是再过5年、10年，我们可以看到更多东西由电脑代替，可以通过互联网的方式来完成，那时中国的社会也会发生根本的改变。"

未来，百度推出的无人驾驶汽车能否赶超谷歌，能否在追尾之前实现紧急避险，就要看百度人工智能进一步的研究成果了。可以说，百度无人驾驶汽车是百度大数据引擎、百度高精度地图、百度移动搜索技术、自主驾驶软件、智能传感器，以及中国交通法规的完美结合。到时候，即使考不过驾考的车主，也可以体验风驰电掣的驾驶乐趣。

小度机器人：智力相当于两三岁孩子

星光灿烂，群情振奋，2014年9月在江苏卫视大型公益闯关节目《芝麻开门》中，迎来节目历史上首位"非人类"闯关者——智能机器人。这个机器人状若国宝熊猫，有圆圆的大脑袋，戴着黑色的镜片，白色的肚子上长着两只呆萌的手臂，当它激动时会挥舞小手。

主持人见它这般呆萌，就想"欺负"它一下。所以它一上来，主持人劈头就问："电影角色，《西游降魔篇》罗志祥饰演，有四位大妈护法？"智能机器人想了一下，就以温柔女声说出正确答案："空虚公子！"主持人不给机器人喘息的机会，马上追问："电视剧，十七岁中学生的成长故事，郝蕾、李晨主演？"机器人挥着小手说："让我想想，是《十七岁不哭》吧？"

↗ 智能问答机器人：可以进行人机对话

主持人吓傻了，这么难的题目机器人也能闯关？随后主持人让大屏幕闪现出一位青年男演员，又问一个图片题："国内男演员，《相爱十年》饰演陈房明？这个图片你能看到吗？"机器人随即说出："他是王大治！"主持人认为这些题目可能事先录入机器人系统中，于是就随意问了一句："《一代宗师》经典台词：世间所有的相遇，下一句？"机器人想了一下，然后挥舞双手说出："世间所有的相遇，都是久别重逢！"主持人彻底被折服了，观众也再次惊呆了。

这就是百度的小度机器人，它是国内首个智能问答机器人，能准确地和人们进行各类知识的问答和对话。2015年7月，百度公司为小度机器人申请了专利，其专利主要包括多轮交互、问题搜索和问题反馈机制三个技术内容。

这个小度机器人已经实现了真正的人工智能，它不仅可以用自然语言和用户对话聊天，还可以记录暂时未得到满足的需求，并在找到答案后及时告知用户。那么，它的工作原理是什么呢？

李彦宏说："很简单！第一，作为搜索引擎，我们可以搜索到网上所有可以公开的信息，并且建立索引。第二，百度人工智能技术这几年发展很迅速，对于自然语言的理解也越来越深刻，以前需要各种各样的关键词进行搜索，现在可以进行自然表达，她（小度机器人）一旦听懂以后就可以在数据库里面进行搜索。虽然原理很简单，但是做起来是很难的。

"真的能让机器听懂人的语言，这是过去半个世纪每一个学计算机的人的梦想。也只是在最近这几年，由于计算机技术不断地提升，计算能力不断地加强，以及计算成本不断地下降，原来不太可能实现的梦想，现在越来越多地成为现实。"

虽然现在的小度机器人看起来呆萌呆萌的，其实它就是百度大脑的又一表现形式，它的智力水平已经相当于两三岁的孩子。为了不断提高它的人工智能水平，百度公司已经进行了大量的努力与投入。

李彦宏说："经过很多年的发展，我们有一定的资金实力去买几十万台服务器来做一个内容。人们看到小度，也就是百度大脑，虽然它现在的逻辑推理能力只相当于两三岁的孩子，但是她的背后是几千台电脑在协同工作。所以，要想真的让她足够智能化，就要有实力去找到非常优秀的天才计算机科学家，你要有耐心做长时间的投入，还要有资金去买很多服务器一起来工作，才能够实现这个目标。"

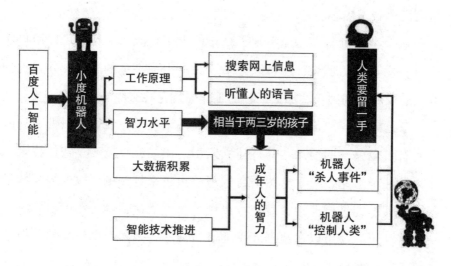

发展人工智能要"留一手"

↗ 发展人工智能：人类要"留一手"

就在人工智能快速发展的时期，世界上最终还是发生了"机器人杀人"事件。

2015年7月2日，在德国的一家工厂内，无数的机器人正在汽车生产流水线上作业，它们周而复始地抓取和操纵一些汽车零件。一时间，机器轰鸣，机器人按照既定的程序有条不紊地操作着，人类员工则显得轻松异常，不少人在旁边看报纸，或掏出手机炒股。

　　这时，有一位22岁的年轻工人哼着小曲，走进安全笼（安全笼将工人与机器人分隔开），小心翼翼地安装新到货的静止机器人。只见他把机器人安装到流水线后，正按说明进行安装调试。突然，这个机器人伸出机械手，一把抓住该员工，"哐当"一声挤向一块金属板，活活杀了这名员工。当时，在场的工人都吓呆了。随后，多个部门介入调查，初步断定是人为操作失误造成的，而不是机器人的问题。

　　在《终结者》《黑客帝国》等科幻片中，全自动杀手机器人不仅有自己的思想意识，还可以自动搜索和攻击目标，因此人类对于发展人工智能是很矛盾的。著名科学家史蒂芬·霍金曾多次发出警告："未来100年内，人工智能将比人类更为聪明，机器人将控制人类。"

　　人工智能犹如一把双刃剑，既可以给人类生活带来诸多便利，也可能给人类带来巨大灾难。有人认为，如果百度的小度机器人不断飞速成长，不久就可以从"两三岁孩子"变成"二十几岁的年轻人"，那么人类要想控制它就有点难度了。

　　李彦宏说："有一本书叫《奇点临近》，主要讲随着计算技术的提升，计算能力越来越强，以及成本的不断下降，机器会越来越智能，到有一天机器智能可能会超越人的智能，那个时候，所谓的奇点就到来了，它的预言是在2045年。

　　"我是工程师出身，不是科学家，最近这十几年一直在做企业，所以我不愿意预测那么长远的事情，也不知道20年、30年之后会发生什么样的事情，但我们目前看到的状况确实是机器的智力水平在迅速提升。以前，我们觉得机器做的是那种完全标准化的事情，就是流水线，现在我们觉得蓝领做的简单的事情，在未来5～10年的时间里，机器人都可以做了，比如说现在住酒店，是行李员帮你把行李拿到房间里去，未来机器人完全可以干这个事情，把行李拿到房间放到行李架上，这些机器人完全可以操作。

"但是，哪一天机器跟人类斗智斗勇的时候，它还能够聪明过一般的人类，我觉得还是很有挑战的，因为机器毕竟还是人做出来的，人怎么也得留个后门吧，万一失控的话，还可以给拽回来。"

在李彦宏看来，创造人工智能就要考虑"留一手"，既能让机器人做好流水线上的工作，充当好"蓝领工人"，又不会与人类斗智斗勇。现在，人工智能方兴未艾，百度还是要抓住时机发展人工智能。李彦宏说："现在只是刚刚开始，其实人工智能还可以做很多的东西。未来随着我们创新的继续，随着大数据积累得越来越多，随着人工智能技术不断推进，百度大脑会越来越接近于一个普通人或成年人的智力水平。"

弯道超车：从百度大脑到中国大脑

3月的北京，万物复苏、浅草泛绿、春花竞放，迎来了最美的春天，而中国科技界也迎来了新的春天。2015年3月9日，全国政协十二届三次会议第二次全体会议隆重召开，面对来自全国各地的代表，"IT界男神"李彦宏作为科技界代表语惊四座，他提议要在国家层面上建立"中国大脑"。

⬈ 中国大脑提案：集国家之力做大事

李彦宏说："中国大脑这个项目是我在政协大会发言上正式提的一个议案，希望集国家之力去搞一个全球最大规模的人工智能的开发平台，让企业、科研机构甚至是创业者，大家都公平地在这个平台上做各种各样相关的创新。人工智能技术在最近几年突然一下开始有了实质性的应用，不管是语音识别、图像识别、多语种的翻译，还是无人驾驶的汽车、无人驾驶的飞机、智能机器人等，背后最基础的技术都是人工智能技术。

"随着计算资源越来越丰富，成本越来越低，原来觉得计算机不能模拟的人脑功能，现在越来越能够去模拟了。人工智能是当今世界技术的一个制高点，非常热，同时中国在这方面又不算落后，所以我觉得我们国家有机会。"

李彦宏提出"中国大脑"这个宏伟计划，是受到了美国阿波罗登月计划的启发。

1969年7月16日，巨大的"土星5号"火箭发出轰天巨响，然后喷射出巨大的火舌，把重约6吨的"阿波罗11号"飞船推离地球，开始了人类首次登月的太空征程。飞船在月球表面着陆后，美国宇航员阿姆斯特朗打开舱门，一马当先，踏上月球并留下了人类的脚印，成为登陆月球第一人。

美国阿波罗登月计划从1961年5月至1972年12月，历时约11年，让人类6次登上月球，美国政府为此耗资255亿美元。参加这项伟大工程的有2万家企业、200多所大学和80多个科研机构，总人数超过30万。

正所谓"众人拾柴火焰高"。美国人当年施展全民总动员，充分调动了社会资源乃至整个国家的力量，最终实现了人类登月的梦想。现在，中国已经发展成为世界重要的经济体，完全有能力在人工智能方面开展大型科研项目。

李彦宏说："在我看来，我们国家已经有很多年没有搞过这种集国家之力的大型科研项目，现在我觉得人工智能的发展已经到了这样一个阶段，应该可以搞这么一个项目，集国家之力做全球最大规模的东西。

"我也很希望中国的国防产业、军方能够在这里面扮演一个很重要的角色，一方面可能他们有一些经费，另一方面我感觉过去军队层面更多的是在自己的体系里做。很希望未来中国的民营企业、中国的科研机构和中国的国防产业、国防军队层面搞科研的能够更加紧密地合作，真正做一些奠定未来10年、20年甚至更长时间中国在全球创新领域地位的事情。"

在李彦宏看来，从"百度大脑"升级为"中国大脑"需要花费更

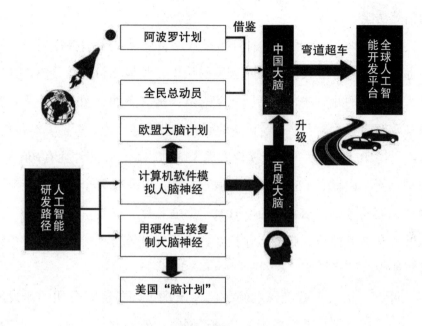

从百度大脑到中国大脑

多资金和时间，也需要更多机构团结起来发挥协同效应，这样才能实现"中国梦"。

中国大脑：模仿人类大脑神经网络

目前，世界上已经出现了多个"大脑计划"，并从不同的角度深入研究人工智能，如果中国再不行动的话，可能又要落后了。

2013年1月，欧盟启动"欧盟大脑计划"，科学家用巨型计算机模拟了整个人类大脑，希望通过模仿大脑神经建立起人工智能体系。他们研发出的人工智能产品包括家庭机器人、制造机器人和服务机器人等，这些机器人具备强大的数据挖掘、机动控制、视频处理与成像及通信等功能。

2013年4月，奥巴马政府宣布投入巨资启动"美国脑计划"，旨在通过创新的神经技术加强对人脑的认识，其最终目标是希望找到攻克大脑疾病的新方法，包括阿尔茨海默氏症、癫痫、帕金森症等。奥巴马政府希望通过大脑神经科学的研究突破来建立人工智能。2014年8月，美国IBM公司发布了能模拟人类大脑的芯片，该芯片拥有100万个"神经元"内核、2.56亿个"突触"内核，以及4096个"神经突触"内核，而功率则仅有70毫瓦。IBM"类脑芯片"就是一个"机器化人脑"，它能够模仿人脑的运作模式，在认知计算方面要远远超过传统计算架构。

可见，在人工智能研发领域已经出现了两条泾渭分明的研发路径：一是用计算机系统模拟人脑神经网络，研发"类脑软件"；二是用硬件直接复制大脑神经网络，创造"机器脑"。现在，李彦宏提出的"中国大脑"是"百度大脑"的升级版，走的研发路径是类似"欧盟大脑计划"的路线，通计算机系统模拟人脑行为。李彦宏说："在百度内部我们有一个叫做'百度大脑'的项目。这个项目实际上用很多计算机加上我们的人工智能，再加上深度学习这些技术去模拟人脑的思维。"

百度技术副总裁王劲进一步解释说："人工智能的核心是机器学习技术，即通过算法使机器能从大量历史数据中学习规律，从而对新的样本做智能识别或对未来做预测。从20世纪80年代末以来，机器学习的发展大致经历了两次浪潮：浅层学习和深度学习。深度学习更接近于人类的学习方式，它通过模仿人类大脑行为的神经网络，利用更多层次的网络模型结构来收集事物的外形、声音等信息，进行感知理解并产生相应行为。"

可见，"中国大脑"是在现代计算机架构下通过深度学习技术，模仿人类大脑神经网络，来不断提升机器的学习能力和智能化水平。科学研究表明，人类接受知识主要是靠视觉（占83%）和听觉（占11%），所以百度在人工智能方面就重点发展了图像搜索和语音搜索，让机器人"长上眼睛和耳朵"，最终研发出了小度机器人。未来，百度还会研发具有更多功能的更多类型的机器人。

从"百度大脑"升级为"中国大脑"，理想是美好的，但可能不会那么快实现，因为该计划需要进入国家长期发展规划，需要整合国家未来发展资源。现在，国内只有"百度大脑"在大张旗鼓地研发人工智能，未来要想超越"谷歌大脑"，还要靠"弯道超车"技术。

李彦宏说："我国人工智能领域的研究积累和发达国家相比差距不大，如果能在国家战略层面制订针对人工智能的全面推进计划，将是我们国家实现'弯道超车'，提升综合国力和影响力的绝佳机会。"

"谷歌大脑"的核心是其在人工智能领域开发出的一款模拟人脑的软件，这个软件的功能非常强大，已经具备自我学习功能。这套软件靠的是1.6万台电脑的处理器相互连接，从而建造出了全球最大的中枢网络系统，使之具备自主学习功能。"百度大脑"与"谷歌大脑"的研发路径相类似，只是人工智能产品不同，"谷歌大脑"产出的是能自主学习的软件，而"百度大脑"产出的是智能搜索技术，它能模仿人类大脑神经网络并通过深度学习来认知世界。

人工智能竞赛: 未来智能人都是 "Baidu Inside"

人工智能在一片争议中高歌猛进,支持者认为人工智能未来可能赶上甚至超过人类智能;反对者认为人工智能的发展很可能触及社会伦理底线,需要及早预防可能产生的冲突。

自动驾驶汽车是人工智能发展的重要成果,但是并不代表人工智能的全部。人工智能是计算机科学的一个分支,它要研究出一种能以人类智能相似的方式做出反应的智能机器。

人工智能领域的技术研究包括机器人、语言识别、图像识别、自然语言处理等。目前,谷歌、百度、脸书和IBM都在研发不同的人工智能产品。

⊅ 人工智能的两大阵营

谷歌在人工智能领域的布局可谓是"野心不小",它的布局大致有两个方面。第一,让人工智能覆盖更多的用户使用场景,目前谷歌已经从传统的搜索业务延伸到智能家居、自动驾驶、机器人等领域。第二,发力研发与人工智能相关的技术。例如,研发更加高级的深度学习算法,不断增强计算机图形识别和语音识别技术,让计算机"听懂"和"看懂"人们向谷歌设备输入的语音、图像。

在谷歌积极发展人工智能的同时,百度在人工智能方面也有布局。主要表现有5个方面:第一,吸引深度学习专家吴恩达加盟百度,并负责北美研究中心,发力研究深度学习,建立模拟人脑进行分析学习的神经网络。第二,发展大数据引擎,通过开放云、数据工厂、百度大脑组件将百度的大数据能力开放给社会。第三,研发语音搜索和图像搜索技术,目前已经实现手机百度语音搜索和拍照搜索。第四,开发云计算平台(即数据存储、数据处理综合平台),为广大合作用户提供高性能的云计算产品。第五,启动自动驾驶项目,百度与宝马共同合作研发自动化驾驶技术。

近几年,随着人工智能的飞速发展,全球人工智能竞赛越演越烈。微软这一软件制造商开始对人工智能感兴趣了,因为他们刚刚错失了智能手机市场,再也不想失去人工智能市场,他们试图让机器人重复个人电脑崛起的道路。目前,微软正加紧研究隐形用户界面技术,可以让用户在触摸或发出语音指令之前,机器设备就能明白他们的意图,做到真正意义上的人机神交、心有灵犀一点通。

而谷歌则借助不断收购机器人生产商(包括波士顿动力公司、美国工业知觉公司、红木机器人公司等多家公司),试图垄断全球的人工智能技术。为了"留一手",防止机器人反噬人类,谷歌还特别成立了一个"伦理委员会",该委员会的任务就是要时刻确保人工智能技术不被滥用。

微软和谷歌打算用"类脑软件"征服人工智能领域,而IBM则继续研发他们的"类脑芯片",打算用更精密的硬件模拟人类神经元。IBM曾宣称,他们已经利用传统的硅生产工艺,制造出足以匹敌超级电脑的"神经突触处理器"。可见,在人工智能领域,又出现了新一轮的软件和硬件之争。显然，"百度大脑"项目属于软件阵营里面的。未来的人工智能竞赛，到底是软件阵营获胜，还是硬件阵营获胜，我们只能拭目以待。

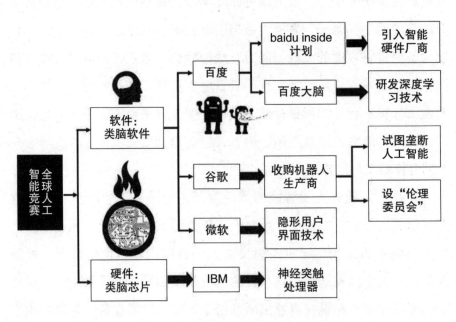

全球人工智能竞赛

人工智能：需要质变思维

在这场全球人工智能竞赛中，百度并不落后，其在深度学习领域的持续耕耘，让"百度大脑"领跑全球。百度深度学习实验室主任余凯说："百度大脑的深度学习技术，现在已经有能力构建规模达到200亿个参数的深度神经网络，这是业界最大规模的深度神经网络系统，百度是世界上第一家用深度神经网络做网页排序的网络公司。"

2013年，百度建立了百度深度学习研究院（简称IDL），现在已拥有北京和硅谷两个深度学习实验室，除了"谷歌大脑之父"吴恩达加盟之外，该研究院还有余凯、张潼、徐伟等人组成的人工智能专家团队。现在，百度深度学习研究院的研究方向包括深度学习&机器学习、机器人、人机交互、3D视觉、图像识别等5个方面。其中，在机器人领域，百度深度学习研究院还是要做大脑、做大平台，其目标是运用百度的人工智能打造世界一流的机器人平台，并让百度大脑成为更多产品和服务的灵魂。

对于机器人研究，李彦宏鼎力支持，要钱给钱，要人给人。李彦宏说："我们会吸引这个领域里全球最顶尖的高手陆续加盟，为我们的产品和业务发展提供最坚实的基础！我希望百度IDL会成为像AT&T-Bell Labs（贝尔实验室）、Xerox PARC（施乐帕克研究中心）这样顶尖的研究机构，为中国、为全世界的创新历史再添一笔浓墨重彩！"

李彦宏知道研发人工智能和做搜索引擎一样，都需要长时间的专注精神，只有专注才能把事情做到极致，只有长期坚持才能让量变转化为质变。

小时候，李彦宏很喜欢看科幻小说，曾经看过《小灵通漫游未来》，书里描写了小灵通三度漫游未来的种种见闻。当小灵通三度漫游到"未来农场"时，发现这里的西红柿长得像西瓜一样大，红红的苹果比脸盆还大，而黄澄澄的橘子就像一只只大南瓜。

李彦宏认为，这些科幻小说里的很多想象还是停留在量变思维，发展人工智能需要的是质变思维，而不是量变思维。李彦宏说："西红柿长大到西瓜那么大还是西红柿。小的西红柿和大的西红柿都是西红柿，但当量变发生到一定程度它会发生质变，我们想的却比较少。

"我们这些学计算机的，都知道摩尔定律，都知道每隔18个月计算机的计算能力会增加一倍，它的成本会下降到原来的一半。当你理解这个东西的时候会发现它是一种量变，计算机计算能力越来越快、存储成本越来越低。这个东西连续几十年发生之后，会发生什么情况呢？就是人工智能有一天真的开始有用了、计算机也真的可以像人一样开始思考了。"

百度要发展人工智能，光靠研发"百度大脑"软件是不行的，还需要引入更多智能硬件生产厂商。

为了推动人工智能技术转化，联合更多硬件厂商，百度复制了英特尔当年处理器的营销策略（Intel Inside），在2014年4月提出了Baidu Inside计划，宣布向加入该计划的硬件厂商提供多项技术接口服务，使合作硬件厂商免费使用百度技术接口，并获得Baidu Inside标识使用权。目前，Baidu Inside旗下已有佳能、海尔等厂商生产的车联网、云打印机、智能空调、云路由器等20款智能设备。未来，将有更多人工智能机器人入列。

在全球人工智能共享平台上，随着国内外软件与硬件厂商不断进行磨合创新，百度的人工智能技术将从量变迅速发展到质变，就像水烧到100℃一样，从水变成了汽。

附　录

企业文化

百度口号

百度一下，你就知道

百度理念

给人们提供最便捷的信息查询方式

认真听取每一条建议和投诉

永远保持创业激情

每一天都在进步

容忍失败，鼓励创新

充分信任，平等交流

百度愿景

成为最优秀的互联网中文信息检索和传递技术提供商

成为中国网络技术企业在全球同行业中的优秀代表

百度使命

让人们最平等便捷地获取信息，找到所求

为网络用户提供最高端的网络技术服务，创造中国互联网络企业的经营奇迹

提高中国互联网的技术成分，努力帮助更多的互联网公司更快地盈利

为互联中国提供及时、丰富的信息，为网友提供最好的上网体验，改变人们的生活方式

百度责任

让世界更有效，让人们更公平

价值观念

【员工观念】

员工是最重要的资产

在信任和尊重的基础上管理员工

为职工和管理人员提供自由交流的环境，考虑员工利益，激励员工，保证公平

【效率观念】

精确预算

制度严格

开放而切题的沟通交流

【竞争观念】

结果导向

保证能力

确定方向

实施负责

【变革观念】

将来和过去不同

以经常性的变革来应对挑战

永远追求新观点、新服务文化及使命

人才理念

招最好的人，给最大的空间，看最后的结果，让优秀人才脱颖而出

核心价值观

简单可依赖

用户导向

坚持以用户需求为导向

企业精神

分享：不断学习总结并积极分享

求实：坚持坦诚和实事求是的作风

系统：从系统角度思考并解决问题

卓越：拥抱挑战和变化，追求卓越

惜时：珍惜并善于管理时间

文化论语

人一定要做自己喜欢且擅长的事情

认准了，就去做；不跟风，不动摇

专注如一

保持学习心态

公司离破产永远只有30天

每个人都要捡起地上的垃圾

百度不仅是李彦宏的，更是每一个百度人的

允许试错

证明自己，用结果说话

愿意被挑战

说话不绕弯子

对事不对人

百度没有公司政治

遇到新事物，先看看别人是怎么干的

听多数人的意见，和少数人商量，自己做决定

一个人最重要的能力是判断力

用流程解决共性问题

创新求变

不唯上

问题驱动

让数据说话

高效率执行

少许诺，多兑现

把事情做到极致

用户需求决定一切

让产品简单，再简单

迅速迭代，越变越美

你不是孤军

打破部门樊篱

主动分享

帮助别人，成就自己

只把最好的成果传递给下一环节

从可信赖到可依赖

百度大事记

2000年

1月，李彦宏从美国硅谷回国，在中关村创建百度。

6月，百度正式推出全球最大、最快、最新的中文搜索引擎，并且宣布全面进入中国互联网技术领域。

8月，百度开始为搜狐提供服务。

10月，百度开始为新浪提供服务。26日，百度网络技术有限公司宣布已完成第二期融资。

11月16日，百度公司宣布，正式向三大门户网站之一的新浪网中国区提供中文网页信息检索服务，支持其全面推出综合搜索引擎。

2001年

1月，百度为263提供全面搜索服务。

8月，发布百度搜索引擎Beta版，从后台服务转向独立提供搜索服务。

9月，百度搜索竞价排名浮出水面。

10月，百度为上海热线提供全球中文网页检索系统；中国人民银行金融信息管理中心采用百度"网事通数据库检索"软件。22日，正式发布百度搜索引擎。

2002年

1月，央视国际全套引入了百度"网事通"信息检索软件。

3月，百度总裁李彦宏获选"中国十大创业新锐"。

6月，百度正式推出"IE搜索伴侣"。

11月，百度发布MP3搜索；推出搜索大富翁游戏；为网易提供服务。

12月，中国移动签约百度企业竞争情报系统；康佳、联想、可口可乐等国际知名企业成为百度竞价排名客户。

2003年

1月，百度总裁李彦宏荣获首届"中国十大IT风云人物"称号。

2月，百度推出了常用搜索功能，汇集常用实用的多种小功能，方便用户使用。

3月，百度在北京世纪剧院举行了主题为"活的搜索，改变生活——百度搜索激情夜"的大型活动。

6月，由第三方赛迪集团下属中国电脑教育报举办的"万人公开评测"公布了评测结果。百度超越谷歌，成为中国网民首选的搜索引擎。同月，百度推出中文搜索风云榜。

7月，百度推出新闻和图片两大技术化搜索引擎。

9月，TOM宣布与百度合作，百度为其提供检索技术。

11月，百度推出新闻图片搜索。

12月，百度陆续推出地区搜索、"贴吧"等划时代功能，搜索引擎步入社区化时代；同时发布的还有高级搜索、时间搜索、新闻提醒三个功能。

2004年

1月，百度、胡润联合打造"2003中国百富人气榜"，百度总裁李彦宏再次荣获"十大IT风云人物""京城十三新锐"称号。

2月，光线传媒、百度联合打造《全球华人明星人气榜》。

3月，中国搜索引擎调查揭晓，百度垄断中文搜索市场。

4月，百度推出"下吧"。

5月，据Alexa最新显示，百度已经成为全球第四大网站。

6月，WAP版"百度贴吧"面世，通过手机也能方便地去贴吧逛逛。

7月，百度隆重推出"网络营销之道"全国巡讲。

8月，百度推出"超级搜霸"。

9月，百度广告每日每字千金，创下中国网络广告天价；推出文档搜索功能，用户通过高级语法可以在百度中搜索丰富的中文文档资源；中国第一部搜索书籍《巧用百度》正式出版。

10月，百度设立"苹果奖"，全球范围征集搜索创想。

11月，百度推出世界上第一款WAP/PDA中文网页搜索引擎。

12月，国内知名市场咨询公司艾瑞（iResearch）发布《2004中国搜索引擎研究报告》，百度霸主地位凸显；百度发布2004中国网络关键词排行榜。

2005年

1月，百度开放首页一周救助海啸受难人民；百度总裁李彦宏蝉联三届"十大IT风云人物"。

2月，百度发布全球首款支持中英文的硬盘搜索工具。

3月24日，盛大互动娱乐有限公司（Nasdaq：SNDA）与百度在线网络技术有限公司结成战略合作伙伴关系。

5月，百度荣登2005年最具成长力21家企业榜首。17日，百度与中国电信合作推出百度黄页搜索测试版，借此正式进军本地搜索业务领域，同时，将黄页数据资源引入百度已有的PDA和WAP移动搜索等服务。

6月23日，百度推出名为"百度知道"的网上问答服务，进军"知识搜索"领域。

8月5日，百度在纳斯达克成功上市，同时，在Alexa排名中超越新浪，成为第一中文网。11日，百度推出"百度传情"服务，为用户提供基于人名搜索的情感信息传递功能。23日，在印度尼西亚三宝垄市举行的"东盟青年节"期间，李彦宏荣获第12届"东盟青年奖"。

10月，百度联手北大成立中国人搜索行为研究实验室。

11月8日，大型互动问答平台"百度知道"正式版上线。

12月，中国互联网品牌调查揭晓，百度荣享中文搜索第一品牌；百度获"2005年CCTV中国年度最佳雇主"称号。

2006年

1月，百度开通国学频道。千年国学，百度一下。

3月，百度首席财务官王湛生当选中国首个杰出CFO；百度与世界领先移动通信制造商诺基亚携手，在诺基亚手机中植入中文移动搜索服务；《电脑报》公布2005年读者首选搜索引擎品牌调查结果，62.29%的读者首选百度；15日，百度个人中心后台系统Passport上线；22日，"政府网站搜索"正式上线。

5月，百度在全国33个城市成功举办以"企业营销，效果为王"为主题的2006百度营销百强全国峰会。

6月，百度竞价排名调整原先统一起始价规则，"智能起价"系统正式上线；国家人事部授予百度博士后科研工作站资质，百度成为中国互联网行业唯一拥有博士后科研工作站的公司。

7月，百度指数升级，个性化关键词监控仪全新登场；百度推出颠覆性广告模式——精准广告；百度正式发布新产品"百度空间"；百度成功举办首届"百度世界大会"；百度成功签约中国科学院图书馆。

8月，百度携手微笑图书室，为甘肃藏区贫困小学捐献图书；联手北京大学，推出权威法律搜索；百度"新闻免费代码"正式上线。

9月，中国互联网络信息中心（CNNIC）和CIC搜索引擎市场报告均显示：百度市场占有率遥遥领先；百度在全国56个城市开始举办"尊享营销利器，成就紫禁之巅"2006百度竞价排名金秋营销盛典；百度中国搜索引擎入选中国十大创新软件产品；百度竞价排名全面推出智能排名功能，以"综合排名指数"作为排名的标准；艾瑞与百度达成协议，百度搜索风云榜将为艾瑞网络广告月报提供数据支持。

10月，百度"更懂中文"系列营销策划获得"艾菲奖"金奖；百度公司荣登中国首届"阳光财富榜"榜单；百度与全球传统娱乐巨头MTV开展战略合作，探寻国内数字音乐发展模式。

11月，百度推出新产品"搜藏"；百度胜诉MP3搜索侵权案；百度联手7家知名网络安全厂商，推出杀毒频道；百度宣布同eBay建立战略合作伙伴关系，合作内容涉及文字广告、在线支付、推广联合品牌工具条等。

12月，百度推出新产品"博客搜索"；"百度知道"问答过千万；拇指天空与百度合作享受手机搜索服务。

2007年

1月，百度与安全厂商赛门铁克（Symantec，Inc）达成战略合作伙伴关系。

3月20日，百度日文网站首页测试版上线。有网页、图片两个产品，可检索到结果。这表明百度国际化战略构想已迈出实质性第一步。

4月20日，百度图书搜索正式上线。25日"百度盲道"发布，包括了7项主要的百度搜索服务，分别是盲道版的百度新闻搜索、百度网页搜索、百度MP3搜索、百度贴吧、百度知道、百度百科、hao123网址导航。

5月29日，百度与湖南卫视正式对外宣布，双方将以百度搜索社区为依托，在跨媒体平台及内容、产品及品牌、公益及事件、互动电视制作等领域展开深层次的战略合作。

6月7日，优酷网对外公布与百度达成战略合作，双方在搜索领域展开业务合作。

7月3日，滚石唱片与"百度今天"联合宣布，双方达成全面战略合作，共同拓展中国数字音乐市场，为中国1.44亿互联网用户提供华语音乐在线服务。

8月9日，百度世界大会召开，"百度世界"大会是百度公司举办的一年一度针对用户、客户、合作伙伴的行业盛会。作为全球最大中文网站，百度改变着人们获取信息的方式，从而改变着人们的生活方式。

9月19日，百度正式宣布游戏频道上线。

9月21日，百度宣布其奥运互动平台"百度2008总动员"上线。

10月17日，携程旅行网宣布，与全球最大的中文搜索引擎百度携手开展酒店搜索方面的全方位合作。18日，搜索引擎公司百度宣布进军电子商务，筹建C2C平台，预计2008年初推出。

11月1日，百度统计系统测试版正式上线；9日，百度财经频道测试版上线；百度影视携手联合网视，推百度影视互动电视。

12月，网络视频企业PPLive联手百度，通过优势互补的形式进行战略合作，实现跨领域的强强联合；京谋智网络技术有限公司与百度公司建立了合作伙伴关系；百度与迪斯尼合作推出《歌舞青春》官方网站。21日，百度专利搜索上线。

2008年

1月12日，百度娱乐正式上线。

2月27日，兼具免费病毒查杀、系统安全检测、系统漏洞修复、恶意软件清理等多项功能的百度安全中心正式上线。

2月29日，百度IM软件"百度HI"开始内测。

3月，百度与中国网通联手推出"灵通知道"短信搜索业务；百度与包括中国国际广播电台在内的全国15家电台合作，正式推出免费的"电台联盟"在线收听服务。5日，百度正式宣布，其语音搜索服务正式进入测试阶段，用户通过拨打百度语音搜索服务热线400-666-8585连线百度服务工程师提出自己的搜索关键词，工程师根据用户请求进行搜索，并将相关搜索结果提供给用户。25日，在经过近1个月的百度内部测试之后，百度Hi进入对外公开邀请测试阶段。28日，百度为流媒体电视用户专门开通的海尔百度流媒体频道正式上线了。

4月，百度与中国网通集团签署合作协议，共推搜索服务；百度被国家工商总局商标局认定为"中国驰名商标"。

6月5日，百度IM（即时通讯）产品"百度Hi"在百度世界大会上正式对外发布。

9月，百度入股联合网视获1亿元现金和8.3%股份。10日，百度宣布已经将其C2C支付平台定名为"百付宝"，百付宝将连同百度C2C平台一起发布。26日，首批1万名获准进驻百度网络交易平台的用户，在25日8点已可以正式享受到百度C2C服务。这标志着酝酿1年之久的百度C2C平台正式上线。

10月，百度宣布与和讯网结盟，共同打造百度财经频道。8日，百度网上交易平台正式定名为"有啊"。

12月12日，百度宣布中国下载服务提供商迅雷正式加盟百度联盟。17日，百度宣布与凤凰网达成全面合作。18日，百度上海研发中心挂牌成立，同时，百度宣布正在实施"阿拉丁平台计划"。

2009年

1月，百度联合卓越亚马逊，推出小桔灯网上捐书平台；百度日本推出日本手机租赁服务。5日，百度获得了100万的"中国驰名商标"政府奖励基金。8日，百度携手湖南卫视，正式启动娱乐沸点。

2月，百度日本之窗上线，携手日企拓展B2C市场。

3月，百度日本名称缩写正式变更，由Inc改成与日本民众更有亲密感的Baidu Japan Inc。

4月20日，百度搜索推广专业版全面上线。

6月，百度获"中国企业社会责任创新先驱企业"大奖。25日，由百度主办的"情系e乡——全国大学生乡村信息化创新大赛"在北京大学正式拉开帷幕。30日，百度与中国扶贫协会签署协议，正式加入中国绿色电脑扶贫行动。

7月，北京电信与百度旗下网络购物平台"有啊"联手，"北京电信官方旗舰店"正式在"有啊"平台上线，主打3G相关产品的销售；苏宁电器与百度签订战略合作协议，进军家电B2C市场。

8月10日，百度成立贴吧事业部，企业市场部总监舒迅任总经理。

10月，百度联手中科院，战略合作开发"框计算"。19日，百度与中国联通对外宣布，双方正式签署搜索战略合作协议。

11月，百度荣获由"2009中国IT两会"颁发的"2009中国互联网创新企业奖"。8日，百度知道文档分享更名为"百度文库"，并且升级了部分功能。17日，百度举办了盛大的乔迁典礼，庆祝公司正式迁入位于上地信息产业基地的新办公和研发大厦——百度大厦。18日，"百度日本之窗"升级改版为"百度世界之窗"，增加了"韩国之窗"栏目。

12月，百度发布了2009年度搜索风云榜。1日，百度全面启用搜索营销专业版（即凤巢系统）。28日，百度贴吧正式对外宣布，I贴吧正式上线仅一个月，用户数突破1200万；百度荣获2009年度精英品牌奖。

2010年

1月，"百度研发框计算"获2009年度影响力时尚事件奖。12日，因百度域名解析在美国域名注册商处被非法篡改，导致全球用户不能正常访问百度。18日，百度首页改版新增"地图""百科"链接。

2月，百度Q4业绩同比增长39.8%，凤巢过渡顺利；百度股价再创新高，每股突破500美元；百度与深圳市政府签订战略合作协议；百度无线携百家单位倡议共建"绿色移动互联网"。

3月，百度股价突破600美元；艾瑞报告显示，2009年百度市场份额达76%；《壹百度》正式列入清华MBA教材；李彦宏获选"最具思想力企业家"。

4月，百度凤巢成功切换，Q1业绩大幅增长；百度地图宣布开放API；百度联盟公布三大举措，助力联盟伙伴成长；百度升级创新营销，推出免费"百度商桥"；百度"营销中国行"启动；百度搭建互联网"爱心"通道，助力"爱心包裹"行动。

5月，百度执行10：1拆股计划，首日股票大涨9.5%；百度"有机管理"纳入清华研讨课题；掌上百度推出黑莓版和安卓版，完成智能手机全平台布局；百度统计向网民全面开放；百度"爱心包裹"带动爱心捐赠近3000万元；李彦宏在国家图书馆开展技术创业演讲。

6月，百度携手塞班（Symbian）构建无线框计算平台；百度自然语言处理论文登上顶级国际学术会议；百度无线发布小说搜索；百度知道开放平台正式发布；百度搜索框可手写输入关键字。

7月，百度公布2010年第二季度财报，业绩大幅增长；百度阿拉丁响应用户世界杯请求超1亿次；百度推出手机文库，打造随时随地海量阅读分享平台；百度获评世界自然基金会2010绿色办公"典范奖"；李彦宏出席太阳谷峰会；李彦宏加盟联合国艾滋病规划署高级委员会。

8月，百度百科携手中科院共建知识社会；百度开放平台日均处理上亿搜索请求；百度"框计算"一周年发布新标识；成立"互联网创业者俱乐部"，打造互联网开放共赢生态圈；明星携手小桔灯献爱心，关爱玉树，百度一直在行动；百度上市5周年建公益基金，李彦宏远程为纳斯达克敲钟；李彦宏被聘为联合国艾滋病规划署全球委员；李彦宏获"首都杰出人才奖"。

9月，百度荣膺《哈佛商业评论》最佳管理行动奖；李彦宏出席2010城市全球信息化论坛并发表主题演讲；教育部与百度联合举办"教学中的互联网搜索"活动，搜索引擎走入课堂。

10月，百度跻身"最受赞赏的中国公司"；2010年第3季度中国搜索引擎市场百度收入份额达73%，创新高；国内首个盲人手机平台登录百度开放平台；"有啊"生活平台Beta版对外开放，百度电子商务迈入2.0时代；百度广告管家全网开放，开启广告管理免费新纪元；百度与乐天合资打造的购物商场"乐酷天"正式上线；"百度经验"全新上线，为4亿网民提供生活实用指南。

11月，首家百度营销体验中心上海开幕；百度"框计算"助力广州亚运会；百度成为互联网首个国家创新型试点企业；百度荣获"2010中国信息无障碍建设优秀单位"；百度及百付宝荣膺"金爵奖"，创新电子商务战略获各界肯定；李彦宏上榜福布斯2010全球最具影响力人物；李彦宏入选《财富》年度商业人士十强。

12月，百度连续三年蝉联"中国优秀企业公民"称号；百度获评"影响中国的新四大发明"；百度发起阳光行动，向不良信息宣战；李彦宏当选中国留学归国人才"十大杰出人物"。

2011年

1月，百度发布2010年度搜索风云榜，关注民生给力时代；百度"框计算"荣获2010年度"最佳用户体验"大奖。7日晚上，百度正式对外发布"2010百度搜索风云榜"。

2月，百度重新加速增长，Q4业绩超预期；百度寻人公益平台上线，网络寻人再现高潮；百度网页搜索市场份额达83.6%，再创历史新高。

3月，百度市值超腾讯成为中国互联网企业第一；百度文库版权合作平台上线，诚意探索多方共赢；百度与音著协达成合作，与音乐人分享著作收益权。31日，百度"有啊"商城正式关闭。

4月，云起龙骧共赢未来——"第六届百度联盟峰会"布局开放新时代；2011中国慈善排行榜出炉，百度入选年度十大慈善企业；百度开放"知道"携手金山WPS，共建办公软件网络帮助平台；百度百科五周年活动正式推出。26日，百度获得"年度十大慈善企业"称号；28日，百度旅游正式上线。

5月，百度与脸书成为全球成长最快品牌；百度"发微"，一键群发催生"框微控"；网站被黑问题突出，百度展开网络反黑；百度之星程序设计大赛开幕，数万极客争夺顶级技术王冠；百度鸿媒体正式亮相，缔造互联网产业新营销时代。

6月，百度音乐平台Ting!正式上线；盖茨、李彦宏共建公益同盟，呼吁拒绝被吸烟；百度荣获2011年中国社会责任优秀企业奖；百度3.06亿美元战略投资去哪儿网。

7月，微软与百度达成英文搜索协议；百度文库正版化取得进展，与46家出版方合作；百度阳光行动再出击，围剿网游私服百亿黑链；百度正式签约国际三大唱片公司。

8月，百度创新"框购物"模式，掀起网购普及风暴；百度严审商业推广，超半数客户请求被驳回；百度世界2011官网上线，首页图片留悬念；三大运营商齐聚百度世界大会。

9月，李彦宏成为最具影响力的中国企业家；网络招聘行业迎来新巨头，百度人才更名"百伯"正式上线。

10月，"百度知道"合作开放平台上线；百度联合数千家企业，共同打击山寨客服；百度领跑云计算，获国家发改委专项最高支持。

2012年

1月16日，百度国际大厦深圳奠基。

3月23日，百度举办开发者大会，正式发布百度云战略。

5月，百度获评全球最具价值百强品牌，居亚洲科技首位。同时，获评《环球企业家》评选的2011—2012年度"中国最佳表现公司"榜单"最佳利润增长"第一名。

6月，百度打造中国互联网史上最大规模公益广告"百度·免费午餐公益一小时"；百度文库收录正版文档超33万。

7月，"百度知道"7周年解决2亿个问题。

8月17日，百度超过谷歌首次荣膺"中国最佳雇主互联网行业第一名"。

9月2日，2012百度世界大会，百度正式推出个人云服务。

10月17日，百度成立LBS事业部。

11月17日，百度荣膺世界环保大会"碳金创新价值奖"。26日，百度个人云服务用户达2000万，云存储文件总量破10亿。

2013年

5月7日，百度收购PPS视频业务，并将PPS视频业务与爱奇艺进行合并，PPS将作为爱奇艺的子品牌运营；百度在相继引入国家药监局、中国家电维修协会、中国航空协会、中国银行业协会、北京市卫生局等权威机构的核心数据之后，引入国家代码中心数据，网民可查组织机构"身份证"。

8月14日，百度公司宣布，其全资子公司百度（香港）有限公司已签署一项最终并购协议，从网龙公司和其他股东处收购91无线网络有限公司（简称91无线）100%股权。

2014年

4月3日，百度宣布已经获得基金销售支付牌照，将正式为基金公司和投资者提供基金第三方支付结算服务。百度方面表示，今后百度金融业务可利用现有互联网渠道，涉足互联网基金销售业务，为用户提供更加方便快捷的基金购买服务。

7月17日，百度葡语版搜索在巴西正式上线，成为中巴两国加强技术创新领域合作的一个重要标志。

8月，百度诉360违反Robots协议案宣判。百度于2013年向法院提起诉讼。百度方面认为，360公然违反Robots协议（也称爬虫协议、机器人协议等），随意抓取、复制其网站内容据为己有的行为严重侵犯了百度公司的权益，并损害了百度及广大网民的利益，构成了不正当竞争，向其索赔1亿元人民币。7日，围绕360搜索引擎是否违反Robots协议引发的不正当竞争纠纷案，北京市第一中级人民法院今日作出一审判决，认为被告北京奇虎科技有限公司的行为违反了《反不正当竞争法》相关规定，应赔偿北京百度网讯科技有限公司、百度在线网络技术（北京）有限公司经济损失及合理支出共计70万元，同时驳回百度公司其他诉讼请求。

10月9日，百度公司与巴西最大团购网站Peixe Urbano发表联合声明称，百度已收购了Peixe的控股。根据交易条款，百度将允许Peixe Urbano现有的管理团队在百度的企业架构内自主运营。

2015年

2月2日，百度公司宣布将百度现有业务群组和事业部整合为三大事业群组：移动服务事业群组、新兴业务事业群组、搜索业务群组。移动云事业部和LBS事业部合并为移动服务事业群组；新业务群组、用户消费事业群组、国际化事业部合并为新兴业务事业群组；移动云事业部的搜索底层基础技术部门和移动搜索联盟业务并入搜索业务群组。通过调整，百度业务将进一步聚焦，公司效率将大幅提升，在移动互联网时代将为网民提供更好的服务。

视野有多远，世界就有多大
——李彦宏在北京大学2008年本科生毕业典礼上的讲话

尊敬的闵书记、许校长，各位老师，各位家长，亲爱的学弟学妹们，大家上午好。

今天，站在各位同学毕业典礼的讲台上，我最大的感受就是觉得非常的荣幸，在各位生命中最值得纪念的时刻与你们在一起，让我百感交集。我仿佛找回了17年前，坐在你们中间，对这个再熟悉不过的校园感到万分的留恋，也对即将展开的新的生活有期待、有迷茫甚至有所畏惧。

说实话，我今天除了荣幸之外，还有一些紧张。因为我知道，在座的不仅有我十分尊敬的师长，更多的是未来中国最有影响力的一群人。你们中一定会有未来中国最杰出的科学家、最成功的企业家、最优秀的政治家、外交家。如果我这个曾经住在43楼522的北大男生今天和大家交流的内容，能够为各位即将铺展开的未来有些许帮助的话，那我也会觉得，这是经历了2005年百度在纳斯达克的辉煌上市后，我所经历的又一个光荣时刻。

今天，回忆10多年前我走入社会的感觉，那是让视野顿时豁然开朗的一步，走出校园后看到的是一个充满机会、日新月异的新天地。大家今天所面对的中国与世界，与10年前我所见到的华尔街和硅谷，当然会有很大的不同。但以我在美国8年、回到中国8年多的经历，我更感受到，今天社会经济文化生活各个方面都充满了活力，你们面对的是更广阔的天地，一定将大有所为。

今天，我想给大家分享一些我的经历和对生活的感悟。

↗ 第一，关于选择的故事

进北大前我就非常喜欢计算机，我相信未来的计算机肯定会被应用广泛，而单纯地学计算机恐怕不如把计算机和某项应用结合起来有前途，于是我选择了北大的信息管理系，而不是计算机系。

我有个姐姐先我5年考上了北大，她告诉我北大的学生出国都很容易，她告诉我外面的世界很精彩。上了北大之后，我却发现我的情报学专业出国并不容易，而最先进的计算机技术那时候在美国。我被迫开始思考自己的下一步，并通过不断参与各种活动来丰富自己的视野。我去学了不少计算机系的课；我翻阅了很多美国有关情报学的论文，希望能够在国际学术期刊上找到自己的机会；我作为那时唯一的理科生参加了学校的五四辩论赛；我听了各种各样的讲座——气功、哲学、电影；我参加了合唱团，还在国庆的时候到天安门广场去跳集体舞。我尽情地享受着北大带给我的各种机会，我接触到了各种各样的人，每个人都有他们自己的思路，每个人都不一样，每个人都很精彩。这让我逐渐形成了不轻信、不跟风的思维方式——北大4年让我具备了独立思考的能力。

我在美国读计算机的时候，本来是读博士的，后来选择了放弃。原因是发现我更希望我做的东西能够被很多人使用，而不喜欢去研究一个别人已经研究了10年的命题。

1997年，我离开自己奋斗了3年多的华尔街，前往当时在硅谷很著名的搜索引擎公司Infoseek。在硅谷，我亲见了当时最成功的搜索技术公司如何在股市上呼风唤雨，见识了每天支持上千万流量的大型工业界信息系统是怎样工作运转，我也见证了Infoseek后来的每况愈下和惨淡经营。但最重要的是，在Infoseek，我找到了我一生的兴趣所在——互联网搜索引擎。那时，是北大所学的信息检索方面的理论，让我比任何计算机系科班出身的工程师都更能够理解普通用户习惯于怎样获取信息。我意识到搜索能让每个人与所需信息的距离只有鼠标的点击一下那么远，这种感觉是那么的美妙。从那以后，我从来没有离开搜索引擎超过24小时，不是因为我是工作狂，而是因为我喜欢。

百度公司走过了8年的历程，今天已经成为一个市值超过100亿美元的公司，为越来越多的人提供服务。我最大的心得就是要选择做自己喜欢做的事情，要从自己真正的心里面去做选择，并不是你认为社会期望你这样做，父母期望你这样做，朋友期望你这样做。只有选择做自己喜欢的事情，你才会越工作越开心，在遇到困难和挫折的时候，不会被沮丧击败，而是全身心地去享受整个过程。

⌁ 第二，关于专注的认识

我一生有两个最大的幸运，一是找到我的太太，二是从事一份自己喜欢的工作。但太太与工作唯一的不同就是：太太只有一个，而工作每时每刻都充满了诱惑。很多人都会专注于一个妻子，但很多人都会喜欢上多个不同的工作。

在百度上市之前，百度只做一件事情，就是中文搜索。在创业初期，搜索在美国硅谷并不是炙手可热的概念，当时更热的是门户，是电子商务，以及后来在中国火起来的无线、网游，等等。百度在招第一批职员的时候，碰到一位我特别希望他能加盟的人，他技术很好，可惜他对我说如果我们不做电子商务（E-commerce）他就不来。2001年，曾经有一位百度的工程师找到我，很认真地说他想做网上购物，结果被我拒绝了，他为此离开了百度。百度上市后，也有一些共事多年的老同事先后离开了百度去尝试更多的业务。

很多时候，我感到百度能一直坚持做搜索是因为我对专注有宗教一般的信仰。普通人很难想象对于一个有2亿用户的公司，每天要面对多少诱惑。百度可以做一百件事，最后我们只选择了一件，并一做就是8年，而且还会再做下去。

人一生中可以完成的事情是有限的，只有专注才能让自己变得足够优秀。所以说，"有所不为，才能有所为"。

↗ 第三，关于视野的感悟

回头望望自己走过的路，我会发现，这个世界的广阔是自己很难想象的。很多当时觉得非常大的困难，现在看来不过是一些小事，很多当时感觉到很棘手的事，现在也只是茶余饭后的话题罢了。

百度在2000年成立时，并不直接为网民提供搜索服务，我们只为门户网站输出搜索引擎技术，而当时只有门户需要搜索服务。2001年夏天，我做了这样一个决定，从一个藏在门户网站后面的技术服务商，转型做一个拥有自己品牌的独立搜索引擎。这是百度发展历程中唯一的一次转型，会得罪几乎所有的客户，所以当时遭到很多投资者反对。但当我把视线投向若干年以后时，我不得不坚持自己的观点。大家知道，后来我说服了投资者，所以才有了大家今天看到的百度。

百度从后台走向了前台，加上我们的专注与努力，今天运营着东半球最大的网站。

事实上，从创立百度的第一天，我的理想就是"让人们最便捷地获取信息"。这个理想不局限于中文，不局限于互联网。作为一名北大信息管理系的学生，我很幸运在前互联网时代，在大学时就理解了信息与人类的关系和重要性。所以，百度从第一天起，就胸怀远大理想：我们希望为所有中国人，以至亚洲，以至全世界的人类，寻求人与信息之间最短的距离，寻求人与信息的相亲相爱。

所以说，视野有多远，世界就有多大。

最后，我在这里衷心祝贺你们顺利完成在北京大学的学习，祝愿你们未来的道路越走越宽广，世界在你手中。也让我们一起祝福我们的母校传承历史，继往开来，再攀高峰。

谢谢大家!

给未来商业精英的毕业课
——2011年6月9日李彦宏在清华大学经管学院的演讲

我是上次来清华经管学院讲过一次，不过那是7年前的事情，今天看到在座的同学比那个时候的同学还要年轻，而我们已经老了7岁。

7年前，百度还没有上市，今天百度已经市值400多亿美元。2005年，百度上市创造了美国资本市场的一个纪录：一个外国公司股票当天涨幅350%多，这在以前是从来没有过的。

去年8月5号上市五周年时，我们做了一个小的庆祝：纳斯达克专门为一家公司做远程开市，就是在百度大楼里敲响了大钟。现场有一个美国老人，大概七八十岁了，叫鲍勃·蒂姆，他其中讲到一句话，百度上市5年为股东创造了很大价值，股票5年涨了30多倍，收入涨了几十倍。但是他说，唯一一个我见到比百度成长更快的人是李彦宏本人。

这么多年一直坚持做同样一件事情，并且能够跟着公司不断地成长，到底最主要的原因在哪里？最根本的原因，还是自己心目中的理想。前段时间有一本讲百度的书叫做《人生可以走直线》，从A点到B点，如果我在A点，B点是我的目标，从A到B点，我可以找一条直线过去，那么怎样达到走直线的状态，很多事情说起来容易。

我问很多人，包括问在座的同学，你将来想做什么，可能很多人能够说出来，我想做什么，成就什么样的事业，是能够说出来的，但是从现在的状态到最后实现理想，这个过程当中，可能会发生各种各样的变化，市场会变，想法有可能会变，就是说可能现在的状态跟你想要达到的状态，差距很大，是不是有信心，当你遇到大的困难的时候，当你有很强大阻力或者强大敌人、竞争对手的时候，是否还会坚持，当你有很多诱惑的时候，是否会改变自己的想法，这些因素在人生成长过程中，每个人都会遇到。

1999年10月1号，我作为一个留学代表参加五十周年的大庆，我跟硅谷博士企业家代表团回国，我不是博士，也不知道怎么选上我了。这个团主要见的都是一些各地的政府官员，省委书记、省长、副省长，很多其他代表团的成员都非常的活跃，每一次看到领导就赶紧抢机会说话，不停地在宣传想做什么。我觉得政府官员跟我想做的事情关系不是很大，我就不太爱说话，助理很难受，他说李先生，你看人家都那么积极地跟领导套近乎，你老不说话，怎么能做成事。但是我觉得，其实在我心目当中，那个时候我基本上已经想好了，我就是要回来，就是要做互联网。我擅长的东西就是搜索技术，中国的搜索技术已经到了一个需要有突破的时候。

当时很多人没有注意到有李彦宏这个人，或者觉得这个人就不行，因为不怎么说话。事实上后来的过程中，我觉得肯定证明这些人是不对的。当然，想好自己要做什么，下一步就是一步步地实现，把自己想象当中的内容做出来。好在我是工程师出身，所以一步步做事情是我比较擅长的。1999年圣诞节我从美国硅谷飞回来了，这个时间很巧合，1991年圣诞节我平生第一次坐飞机从北京飞到了美国加州，1999年圣诞节那一天，我坐着飞机从美国加州又飞回了北京。

那个时候大家还小，那是美国互联网泡沫最厉害的时候，非常疯狂，也传染到了中国。百度从那个时候开始做，我们也很幸运，拿到了第一笔钱，就是我开始跟大家讲的那位老人家，给了我们一笔钱，

1999年12月份从他们手上接过10万美元的支票，第一次是120万美元，因为那个时候没有做完流程，或者没有签合同，就是先借给10万美元，就回去做了，我就回北京来了。

从此大概有两个月的时间，我再也没有跟投资人联系过，他们心目当中觉得这家伙没准跑了，再也没有消息了。后来等到我们把程序走完，公司基本上建起来，这个老人很高兴，正好来中国，就到了百度办公室。那个时候我们在北大租了两间很简陋的办公室，他进门，觉得真有这样的公司，真有人在工作，一进去就敲桌子，这是真的吗？那个时候还是很疯狂，疯狂在哪里？很多人很容易拿到很多的钱，我们当时的120万美元不算很多钱。拿到钱后，我们就开始烧。

烧钱我们也很有压力，那个时候公司很小，成长很快，每个员工长本事都很快，所以我们说，我们员工6个月涨一次薪水，后来我们的员工就跟我说，我们涨薪是不是太慢了，人家的公司一个季度涨一次薪水。我觉得6个月涨一次已经挺快了，得悠着点花，我还给了大家股票，股票期权，说人家也给，人家不仅仅给员工期权股票，员工的朋友也给，我想着，这个事儿也不能干，长期来讲，是不靠谱的。这些做法跟心目当中的B没有直接的联系，但是中间会有各种各样的干扰。所以要排除干扰，我就跟大家讲，我们到底要干什么，未来在哪里？的确我们也做得很快，很快出了第一款产品，签了一些客户，当时很大的网站都在用百度的搜索，那个时候百度不是面向终端网的网站，是给其他网站提供技术支持。

我们签下来第一家门户网站的时候，当时还在保密，即使家人也不说。有一个很核心的工程师，庆祝时把男朋友也带来了，她的男朋友就很好奇，到底跟谁签约了？这个女工程师就说不能告诉你，说出来吓死你，叫作Chinaren，那时候是一个很有名的互联网公司。我们就是在这样的状态中，不断地做，也很兴奋。

2001年3月，互联网泡沫破裂，一家家公司开始倒闭，融资形势越来越对我们不利。我们第一笔钱只融了100多万美元，当然我没有把钱花完，留了一半，半年以后又开始融资，那个时候融资就很难了，因为市场不好。我们经过努力，在2000年9月初拿到了第二笔风险投资1000万美元，（这笔钱）一直到2005年百度上市都没有花完。

拿到钱后大家也非常高兴，签了合同，都不敢跟员工说，就怕投资人反悔，最后不给你钱也没有办法。一直到9月初的某一天，我从银行那里得到电话，1000万美元到账了，我才去召开全体员工大会，所谓全体员工大会，加上前台、兼职约20人，在会议室中跟大家宣布这样的消息。

但是没过几天又有一个事情发生了，一个很核心的工程师突然跑来跟我说，有一个消息你知道吗？谷歌的中文版发布了，我说我知道，刚刚看过，他说你看了什么感觉，我说不错，速度非常快，相关性能很好，我当时看了是觉得不错，但是并没有马上跟我们当时的状态联系起来。但是我们工程师马上产生一种自卑感，就说谷歌是硅谷最优秀的工程师做技术，而且规模比我们大很多，百度加上兼职、前台各种各样的人才20人左右，怎么可能跟他们竞争？有这么强大的竞争对手，我们怎么办？当时军心有点儿不稳。

又过了一年多的时间，双方一直在竞争，我们也飞速地提升技术，谷歌的技术也在快速地提升，从2000年到2006年、2007年，这是谷歌在互联网的黄金时代，2000年到2004年它在国内受关注程度并不是很高，但我们都是同行，非常关注，每一件事情出来，都感到很大的压力。如果我们再这样僵持下去的话，对百度会产生不利的影响，所以到2002年初，我就决定从CEO位置下来做一个项目的经理，内部项目的"闪电计划"，这个计划就是要快速地提升百度的中文搜索质量，超越谷歌。

那时内部怀疑声音也很多，他们老觉得我们人太少了，经验又不足，而美国真正热的互联网公司会招到有经验的人，我们怎么可能打赢这一仗？这种怀疑态度非常具有传染性，所以我就回到了一个项目经理的位置，在中国，强的地方在哪里，百度强的地方在哪里，我们能不能用我们强的地方攻谷歌弱的地方，即使在某些方面比我们强也没有关系，就是综合下来，用户可能还选择百度，那么我们就开始找。

找到第一点：中国互联网跟美国互联网有一个很大的不同，就在于当时互联网网上内容量增长非常快，我们当时估计大概一年内容网页数目会增长3倍，但是全球范围看网页速度增长是50%。在美国互联网公司看来，全球互联网信息每年涨50%，所以索引信息量每年涨50%就可以了，但是对于中国来说，我们的服务器在本地，可以抓到更多中文信息，这也是技术要求没有那么强，起码我们能做出来，那段时间，我们的索引量每年是涨200%，竞争对手每年涨50%，这个时候逐渐给我们用户一个心理暗示或者一个印象：有很多东西在别的地方找不到，但是在百度可以找到。这是我们找到的一个优势。

我们还找到第二点：虽然中文互联网内容涨的速度很快，但是总体量还是非常少，很多东西在互联网上找不到。是我们技术不行，是谷歌技术不行吗？不是。因为网上就没有内容，就是技术再好也没有用，2003年我们推出一个产品叫贴吧，就是用来缓解这个问题的。当用户来到百度输一个关键词，找不到内容的时候，自己可以进入一个讨论区，进入一个吧，跟兴趣相同或者类似的人进行讨论，大家相互交换信息，而这些信息被永久地保存在了百度的服务器上，这些内容极大地丰富了中文互联网的内容，也使得很多搜索者来到百度能够找到想要的内容。

现在回想起来，贴吧是最早的Web2.0产品，就是用户创造内容，UGC。Web2.0概念是2004年提出来的，2003年百度已经有这样的产品了，一直到今天流量比例仍然在百度总体量10%以上。其实最火的那一届超女，第一名是谁，在短信上大家已经知道了，有人说是贴吧成就了李宇春，也有人说李宇春成就了贴吧，不管怎么说，我们做了准备，在2003年的时候就已经做了这样的事情，就是赶上了。这样一点儿一点儿做出来以后，我们发现我们的流量涨得很快，用户的口碑越来越好，大家越来越依赖百度，所以形势很不错。面对强敌的时候，我们坚持自己的理想一点一点去做。

当然做起来了，就是别人的态度也不一样了。2004年以后，我们面临的更多的不是强敌，而是强大的诱惑。其实任何时候都有一个大的公司，有可能写一张支票出来，李彦宏你其实可以退休了。我记得2004年的时候，我跟我妈妈说，如果我把这个公司卖掉的话，我估计我会成为亿万富翁。我妈说，你每天干得这么辛苦，你快卖掉算了，我说我不想卖，我不是为钱工作的。百度不是我一个人的，就是风险投资人投了，人家也占了很多的市场份额，是所谓的优先股，有一个很大的权利，可以投票决定让不让上市，如果投票反对上市，就不能上市。2005年我们开始跟投行接触，如果上市的话，估计做到几亿美元的市值。竞争对手也好，或者愿意买百度的公司也好，他们也跟投行接触，给百度估值，说我可以给你们更高的价钱。大家能够想到的互联网领域，甚至IT领域，就是国际上的巨头，基本上在这个阶段，都以不同的方式表示，我可以给你写一张支票，远远大于上市之后获得的价值。所以那段时间，我们就一直不断地在董事会层面讨论，要不要把公司卖掉。

　　我一直在跟我们的投资者和董事会讲，百度现在是一个青苹果，看起来是青的，吃起来不好吃，要等到变红。说起来简单，但是实行起来非常难，投资者就是想赚更多的钱，何乐而不为？但是对我来说，我对这个公司有感情，所以不能卖掉。这个说不通，要有契约精神，要尊重投资人的取向，这种情况下怎么办？只有一种办法，就是要说服他们，留着百度，将来会赚更多的钱。

　　这种说服工作是不容易的，现在能赚8块钱，结果现在准备用2块钱的价格上市，然后未来有可能赚的比8块钱更多，对他们来说，无非就是冒着风险的，大家一直在问这种问题。一直到百度上市，开始路演，路演大概是一个月的时间，就是跑遍全世界各地跟基金经理讲，百度要上市，你们买百度的股票。2005年的时候，搜索已经非常热了，就是说基金经理都很积极，很多的基金想要听听是怎么回事，想要问问题，所以整个路演非常的忙。

　　我记得在旧金山的时候，早餐之前有一个会，早餐有一个会，整个上午三个会，午餐有一个会，整个下午四个会，晚餐有一个会，晚餐之后有一个会，大概一天十来个会，每个会都是面对潜在的基金经理。因为他们对中国人不了解，也看不懂中文，就是非常的怀疑，虽然感兴趣，但是持怀疑的态度，就用各种各样的角度，问特别难、刁钻的问题，一天下来很累。晚饭之后，会结束之后，就开始开董事会，董事会的议题就是说要不要上市，所以白天劝说基金经理要上市，你们买百度的股票，晚上劝股东，我们应该上市，我们不应该卖掉。

　　这些投资者跟我跟了很多年，他们对我的人品等方面还是有认可，所以也不是说那边给的钱更多，就一定要卖掉，但是在巨大的诱惑面前，就是不停地讨论。人最难受的时候是不确定，就是对自己未来有极强的不确定的时候，是最难受、最焦虑的时候。那个时候就是这样的阶段，不知道明天打道回府，还是说要站在时代广场看我们的股票价格，不知道会发生什么，就很难受。在路演的时候，也生病了，讲几句话都会咳嗽，压力非常大。

最后，到路演最后一站是纽约，投资者最后问了我一个问题，谷歌出多少钱你会愿意卖？到最后一站的时候，我们基本上知道百度如果上市的话，市值大概是8亿美元，我也知道我们董事会的成员和VC都知道，这个问题我不能不回答，不能说出多少钱都不卖，这是不对的，是对投资者不负责任。投资者的钱也是从其他地方融资来的，他们得对他们的投资人负责，所以必须要能够说服自己的投资人，赌注值得下。我最后出了一个，他们出20亿美元我就卖。一边是8亿美元，一边是20亿美元，我为什么出这样的价钱？因为我也在盘算，我要一个什么价钱，谷歌会放弃买，20亿美元。投资者去问，回来就说，他们不想买，这样才会有后来2005年8月5号百度上市，创造美国股市当天的涨幅纪录。

所以在成长过程中，既要想清楚利弊，又要能够经受各种精神困苦，要扛得住压力，同时要排除诱惑，才能做成功。百度发展从一两个人到现在一万两千人，其实是远远超出我当时的想象。管理一个公司，到底需要在哪些方面做好，过去11年我也不断总结，基本上是3个方面。

第一个方面，是目标。就是我刚才讲的，大家有一个共同目标，就是B。每个人都知道B是什么，这是非常重要的，或者说公司的愿景是什么，这一点从百度成立到现在一直没有变过——让人们最便捷地获取信息，找到所求。这个说法如果仔细琢磨的话，第一，没有提搜索；第二，甚至没有提到互联网，让人们更便捷地获取信息，找到所求，范围非常广，能做的事情很多，搜索只是实现理想的一个工具；

第三，更没有提到中国。还有一个不同，可能有人也研究过谷歌的愿景是什么，就是组织全球的信息，这两个概念不一样。谷歌的想法，我一定要做一个特别酷的技术，有一天一定要做一个操作系统，这是他们的理想。

对于百度来说，我们更关心的是人们需要什么，所以我们是让人们更便捷地获取信息，找到所求，这就是为什么百度后来会做出贴吧、知道、百科等一系列有社区特质的搜索产品，用现在的话来说，就是社会化、SNS元素的搜索产品，从而使得百度的黏性远远强于世界上任何一个公司。我们一开始清晰地定义了B，让人们最便捷地获取信息，找到所求，非常贴切。

第二个方面，就是一个公司要想做好，一定要有自己非常核心的企业文化。尤其在早期的时候，尤其在快速变化的市场和快速成长的公司当中，很重要。为什么？因为这样的一个市场，这样一个环境，一个不是很规则的市场，没有规则靠什么做决策，就是靠文化。百度的公司文化，简单可依赖。什么意思？简单就是大家说话直来直去，没有上下级的考虑，没有客气、绕弯子，没有公司政治，心里在想什么，就直接说出来。

有时候比如新来一个高管，在其他公司待了很长时间，开会的时候他说话，就先做好几句铺垫，我们马上说停，不要讲这些，不是我们要听的，你怎么想就直接说，有这么一两次大家都明白了。开会的话，如果我晚到了，就是第一排没有位置，我就坐在后排，没有关系的，就是很简单，大家不用天天想着，老板来了要让座，没有这样的文化，就是简单。这一点同时也反映在百度产品上，大家看到百度的首页非常简洁，没有特别多的东西，但是正是这样的首页，是全中国设首页最多的首页，就是因为简单好用，所以简单也有很大的价值。

那么,可依赖是什么意思?是指百度的员工,我们要求每一个员工都是可依赖的,都是有能力要做所做的事情。与此同时,可依赖和可信赖也有区别,可依赖是有感情因素的,如果遇到困难的话,有一个组织是可以依赖的,大家愿意帮助你,这就是有感情色彩存在,所以说不是每个人各自为战,做好了交出去就不管了,而是说如果遇到困难,很多人会补位。就是说可依赖,一方面要求大家每个人的能力都很强,另一方面,就是有一个可依赖的职业精神。

本土公司很多民营企业老板做起来的时候,他们都尝试找职业经理人,职业经理人进去就水土不服走掉,后来就是不要职业经理人,哪怕进来的话,一定要改造成非职业经理人,大部分目前的中国公司是这样的文化,对于百度来说,我们非常强调的一个内容是职业精神。这方面,我们经管学院也做过一个研究项目,我们了解,李老师做了一个项目,叫士文化,中国古代的士,就是说自己有自己的一套标准,有自己的原则,同时又很讲道德的环境。

有了使命或者是目标,有了文化,还缺什么呢?

第三个方面,是流程和制度,这一点在公司早期的时候,可能没有那么重要,就是说人少,每天都可以直接跟每一个人进行对话,这个时候没有流程和制度是没有关系的,有事情嚷嚷一声就可以了。但是当公司做大以后,就不能靠嚷嚷了,就是说两百人以后,可能不是每个人都认识。现在可能绝大多数人,都是他们认识我,我不认识他们,就是在这种情况下,一个公司仍然要保持高效率,就需要第三个因素,就是流程和制度。

从没有流程和制度到有流程和制度,有好的流程和好的制度,怎么做?第一,遇到新问题首先看别人怎么办的,就是对于这个公司来说可能是新的,但是抽象出来看,其实那个公司已经一百年了,也碰到过类似的问题，他们解决问题的流程和制度是什么，所以这是一个做法。第二，当遇到新问题的时候，第一次解决，我们很可能是不设流程和制度，因为没有，那么解决之后马上要总结，总结的新问题就是有没有普遍性，是不是未来还会出现类似的问题，如果是的话，好，我们需要有一个流程，就是在公司成长过程中，一步一步有了流程。流程的作用不是干活干慢一点儿，相反的是为了干活更快，因为知道怎么做一件事情，不用太多的琢磨和思考以及讨论。所以在制定流程过程中，上次做事情出现一个问题，就在流程里加一个关卡，就是每次都加一个，发现流程很长，非常的影响效率，大家就说，这样的流程不出事。我说这样不行，流程的作用，就是做事情更有效率，如果说过一段时间发现流程阻碍了高效的执行，我们就要想办法简化流程。所以做好一个企业，要有清晰的目标、使命、强大的文化，还要有流程制度，公司的流程是世界级的，使得做事情更高效。

想想这十几年以来，我自己生命当中，经常说的就是认准了就去做，不跟风，不动摇，同时对自己要有清晰的判断，一个人应该做自己最擅长的事情，同时要做自己最喜欢的事情，这样的话，做成的概率会很大。因为只有擅长的事情，才能做得比别人好，只有这个事情是自己喜欢的，才有可能在碰到强大对手的时候，仍然要坚持，在极其困难的情况下，仍然不会放弃，在有非常大诱惑的条件下，仍然会坚持，就是跟自己喜欢有非常大的关系。我经常也说，一个人要做自己最喜欢的事情，要做自己最擅长的事情。

今天简单跟大家讲一点心得体会，剩下的时间可以提问，谢谢！

我的创业"魔鬼三角"
——2010年5月27日李彦宏在第15期 "中关村创业讲坛"的演讲

各位领导、各位来宾、各位远道而来的朋友们：

大家下午好！首先，感谢大家冒雨前来参加这次中关村创业讲座，我也很高兴有机会在这里跟大家分享一些我自己的体会。创业这个话题实际上是一个非常吸引人的话题，如果大家到百度上查一下我的创业故事，没有上百万也有几十万篇的报道，很多人对这个东西非常感兴趣。

今天来到国家图书馆，我感觉意义非凡。因为我本人就是北大图书馆系毕业的，1987—1991年在北大读书，我上学的那一年北大图书馆系诞生了，我离开那一年有经济管理系，所以我觉得图书馆的意义也在逐步扩张和延伸。

刚才常馆长讲了，举办讲座也是传播知识的一个重要方式，我是深有体会。不只是现在，像我在大四的时候就开始做论文，当时到北图来查资料，后来在美国也是非常喜欢听各种各样的讲座，在北大的时候也是喜欢听讲座，了解各个层面的人在做什么。如果说现在百度做出了一些成绩，我也很想说是自己的一个责任——把我们的经验、我们的教训、我们的体会及时分享给大家，让大家在创业的过程中少走弯路。

↗ 创业最初害怕被叫互联网公司

事实上，中国目前所处的时代是非常非常适合创业的。过去10年，百度从无到有、从小到大发生了很多变化。在这些变化当中，大家看到一个公司在逐步长大，中文搜索越来越被人接受。这个变化，比如说每天处在这么一个中国转型社会的环境里头的话，也许感觉还不是特别深刻，但是当我们把镜头稍微拉远一点儿来看，你会觉得这是一个非常好的现象。

我是10年前从硅谷回到中关村创业的。我回来的时候，美国的资本市场其实是非常火的，那个时候纳斯达克的指数大概是5000点，到昨天晚上纳斯达克指数有多少大家有概念吗？谁知道？现在是多少？2100多点。也就是说，经过了10年整体的全球资本市场，或者代表高科技产业的这个市场，纳斯达克主要的高科技产业公司，从苹果到谷歌，主流的公司全都是在纳斯达克上市，经过了10年，这样一个代表全球高科技资本市场的指数从5000点跌到了2100多点，而在中国产生了这么多的互联网公司，仅仅在中关村就有很多家在纳斯达克上市的高科技甚至互联网公司。我觉得这是非常了不起的。这的确代表了中国给大家提供的这种创业的机会，代表了中关村发展的潜力，所以我今天就结合百度创业的过程跟大家讲一讲我的一些体会。

百度刚才讲是10年的历史，最早刚刚回来的时候，第一个地方选的就是北大的两间办公室，因为我们很相信中关村。当时，很多互联网公司都害怕被别人叫作互联网公司，他们希望远离这个概念，也希望远离中关村，所以当时很多在中关村的公司都搬到其他的地方。他们在淡化自己互联网的色彩，但是百度从一开始就坚持这一点，我们觉得我们就是在做一个互联网与高科技的公司，而且中关村的密集人才是我们最需要的，所以我们10年的工程并没有离开过这个土地，后来我们搬到理想国际大厦，去年我们又搬到自己盖的百度大厦。

很多人到百度参观过，一进大厅大家就会看到一个大的电子显示屏，上面有一个跳动的图，跳的时候每一个波峰上面都有一个关键词，就是当前在百度上被搜索的词，它像心电图，某种意义上也代表了中国互联网的脉搏，的确也是反映中国互联网在发生什么，我觉得是很有意义的。很多人到百度参观都会看这个东西，百度经过十几年的发展，也意识到它在整个产业中的特殊地位。它的利益相关者非常多，没有哪家企业有那么多利益相关者。大部分企业有一个客户群体，再加上它的股东就是它所处的环境了。而百度除了有自己几十万家的企业客户群体以外，还有一个每天在使用百度的用户群体，这个群体非常大，中国4亿多用户每天都在以一个非常高的频率使用百度，所以对我们来说也是非常重要的，从某种意义上讲，比百度的客户还重要，因为没有人使用百度的话，百度就赚不到钱。

百度还有一个联盟，这里头也有大概几十万家网站。联盟是做什么的？就是说他们来展示一些他们的广告，我们就给这些联盟的网站分成，有几十万家网站的站长通过百度来获得收益。去年百度联盟分出7个亿，今年会更多，而且过去这么多年都是处于一个高成长水平，而且很多站长跟百度在利益上是相关的。另外，还有一个更大的站长群体也跟百度非常相关，现在经常会有人跟我说："为什么我的百度收录突然下降了？我1000页今天只剩下500页了，能不能查一下为什么？"这样的问题说明了什么？说明几百万家网站的站长很依赖百度获得流量。一个网站没有流量，就没有意义。所以说，除用户、股东外，还有几百万家网站的站长也跟百度利益相关。而百度也是非常开放的，百度的东西都可以在互联网上公开获得。

↗ 中关村有创业土壤和基因

中关村为什么适合创业，我就不再细讲了。我想讲一讲互联网给技术人员带来的一些机会。其实，技术创业无论在中国还是美国，都是一个非常热门的话题。但是，当10年前我回来创业的时候，在这方面其实我多多少少还是有一点儿失望的。为什么？我讲一个更近一点的例子。

一个技术高管从谷歌来了之后，特别惊讶。为什么？因为当时招的人基本上都是应届生，很少招一些有经验的人。他问我为什么？我说这个是历史形成的。10年前我回到中关村创业的时候，是自己起草的招聘广告，我当时说要招工程师，5年以上的工程师，会C++，会编程等，也有一些人进来，我觉得根本不符合我的要求。那个时候在中国真正认真做技术的公司非常少，导致很难找到有若干年技术经验的人，而在中国的这些跨国企业主要做销售、售前咨询或售后支持，后来发展出一些所谓的研究院，做纯研究的，真正从事开发的技术人员非常少，一直到今天我都觉得非常少。这就是为什么10年前创业的时候，我选择了从应届生中招人，因为应届生起码从学校学的东西还没有忘掉。我们就是让他练练手，慢慢培养，最后培养起来可以做事情，而那些在很多公司做了几年事情的人，不但未能学会真正做最好技术的方法，反而把那些学过的基础知识忘掉了。这是一个很不幸的现象，不过，最近几年情况有所好转，也能招到一些有技术的人员。

过去之所以没有技术优秀且有经验的人，是因为技术好也没有用武之地，也不能挣到钱，所以大家慢慢都去干别的了。所以，早期在中国创业的时候，我遇到了不少非常优秀的理工科出身的学生，但是他们都做了销售，因为做销售有前途，而且能够升上去。这个现象一直到现在都有，但是比以前弱多了。

我们也看到，最近这些年也有一些技术出身的人能够真正靠技术而不是其他的方式来成功创业。所以，我们在做的过程中也在琢磨，百度能够做什么，能够给技术出身的人员提供什么样的机会？刚才我们讲了百度有几十万家的联盟伙伴，他们是通过收入的分成来跟百度合作的，简单举几个例子：不少人知道BT是一个下载软件，这些产品都可以通过跟百度分成来获得收益。

刚才其实也大致讲了一下百度的10年成长史：我们2000年1月份开始在中关村注册创业，到2001年下半年，实际上是9月20日百度真正作为一个搜索网站面向终端网民发布。很多人有一个认识：百度在终端搜索做得好，是因为他有先见之明。实际上根本不是，我们是最后一个做中文搜索的公司之一，大多数做中文搜索的公司都比我们早。那么，从这个时候开始，我们有一个理想，就是要让人们最便捷地获得信息，这样的观念支撑着百度走过了很多年，我们就希望通过自己的努力让人们更便捷地获得信息。其实，我从1987年读大学到现在，我认为我都是朝着这个方面努力的，为什么当时上图管系，我就觉得这个知识是非常有意思的，图书馆里面有很多书籍和知识，我希望组织起来让很多人更方便地找到信息。

在美国留学的8年，我学的是信息检索，我的第一份工作做的是《华尔街日报》的新闻检索工作。我的第二份工作呢，做的就是互联网服务器。后来，就是我创业做百度搜索，就是一直这样一个理想，20多年都没有发生过变化。我为此而骄傲，我看准了市场一直做下去，做到极致和完美。

⊘ 百度催熟了中国的搜索市场

从2001年开始做，大概到2003年，我们就做成了最大的中文搜索。到2004年，我们把商业模式慢慢固定下来，主流的搜索引擎的商业模式已经统一下来了，这个时候开始准备上市。到2005年8月份上市，我相信这个事情很多人都有印象。我们当时定价是27块钱一股，第一天涨到150块钱，当天的收款价涨了122块钱，当天的收款价比定价涨了350%多。由于它非常高的涨幅使得很多人印象深刻。

2005年8月，我们上市的时候出现了这样一个现象。当时，有很多人不看好我们——在1999年、2000年很多公司有这样的遭遇。我印象当中2005年8月5日百度上市，美国的媒体非常关注，都叫我去接受采访，他们都是直播，我们在不同的地方，还请了一些股票专家在另外一个地方，大家去争论百度上市，股票涨这么厉害意味着什么。我当时就跟一个来自佛罗里达的股票专家争论。他说过去这么多年一个股票上市了，一旦它的当日涨幅超过200%、300%，3年以后这些股票全部跌破了它的发行价格。他说你的股票2008年会到27块钱以下，我说不是这样的，你看到那些股票都是上市的时候不盈利，而百度是盈利的。当时，中国的互联网才刚刚开始发展，美国对中国还不是很了解，我说的话他也不一定相信。

到今天百度股票大概是六七十块钱，在这之前百度做了拆股。这样一个成长的速度是非常少见的，所以也难怪当时很多专家不看好，其实那段时间很痛苦，有很多人说你这个公司值很多钱，你为什么卖27块钱，甚至有一个阴谋论，说高盛在里头有一个阴谋，他故意压低价格。最近，在美国一个媒体上还有人说这是不是一个阴谋，但是我看这个事情是一个品牌事件。对于百度来说，2005年的时候我们规模还很小，中国大多数人对搜索并不熟悉，也许有很多人用搜索，但是搜索有多重要大多数人不知道，而且很多人并不知道搜索是一个最好的帮助他们推广服务的手段，而百度上市使很多人开始关注，而且是从商业上开始关注。上市以后，一下子能够涨这么快，使得大家开始关注百度是怎么赚钱的。这实际上催熟了中国的搜索市场。它是一个标志性事件，我觉得以前按照中文搜索的成长速度这个价钱是合适的，如果按照惯性往前走我们当时就值27块钱，按照现在的合理价格是2块7毛钱。

这样一个上市事件，使得很多人开始关注，这个市场一下子比以前加速成熟起来，越来越多的人使用我们的搜索、投广告。这个事情使得中国搜索市场又出现了一次加速。我刚才讲到，一个星期之前我们实行拆股了，在我的记忆当中也是没有人这么干的。比较常见的是2：1拆股，或者3：1拆股，再高的就比较少见了，我见的比较高的就是1股变4股，1股变10股至少在近些年是没有过。所以，这个拆股我们内部也是有很多争论，就是说要不要这么激进地拆股。因为这个股票要是几百块钱，大家觉得这个是一个很成功的公司，如果市场不好，掉下来，就很难看了。

比如说拆股，后来到互联网泡沫，到1999年、2000年的时候，拆了以后就往下掉。如果你今天看一些互联网的新闻，苹果的市值已经超过了微软，过去10年微软的市值跌了不少，由于他拆股拆得比较勤，20多块钱的股票给人的印象不是很高。所以，我们当时跟投行商量怎么拆，投行建议1股拆6股，10股太激进了。他们认为，20~40块钱是散户最容易接受的，又不觉得这是一个失败的公司。如果20块钱以下，从一般的投资者心理来讲，他会觉得这个公司不好，而超过40块钱他就觉得这个股票贵了，买起来心里有一点儿负担。因为我们的讨论是在几个月之前，说最好不要这么拆，想来想去，基于我们对中国互联网市场、百度的发展等各个层面的考虑，我们最后还是选择了1拆10，最后还是没有到20、到40，在散户心理上还是比较贵。但事实证明，拆得还是比较成功的。因为我们宣布拆的时候股票就涨了很多，而实际拆的几天又涨了很多，所以投资者还是非常看好的。

我觉得中国互联网产业经过这么多年的发展，也需要走出去，需要发挥国际影响力了，所以开始运作日本搜索。本来准备了一个短片介绍我们的概念框计算，我们希望提供一个开放的平台，让各种各样的技术能够迅速地服务用户，而框计算客观上起到了这个作用。这个是去年8月份提出来的，代表了未来百度在相当一段时间内对IT发展趋势的一个判断。

框计算是什么意思？大家可能没有太注意到。现在常用的应用绝大多数都是从框开始，像百度的搜索或者谷歌的搜索都是，大家一上去，首先是一个框。但是，即使不是搜索的应用，大多数的网站，比如你到亚马逊购物的话，最明显的就是这个搜索框，你上推特也是有一个框。所以，大家如果认真想一想，这个框已经变成一个非常基本的用户需求。

由此，我提出，未来的计算，或者IT产业的发展，会逐渐把各种各样的用户都聚集到同一个方面。因为用户只希望找到一个地方，而不是不停地找各种地方。比如，我要查这个词在哪些网页出现过，微博上的哪些文章是我发表的，我要给电脑杀毒在哪里输入请求，我要查邮件在哪里输入用户名和密码，等等。我们把用户的这些不同需求集成到一个地方，进行分析、计算，当识别出用户想要干什么的时候，无论杀毒也好，计算也好，交流也好，购物也好，把这些不同的需求分发给技术开发者，由他们完成，而我们就是提供这样一个开放的平台，不管开发什么应用，从一开始就很方便。

所以，不同的用户需求，信息的需求、游戏的需求、购物的需求、杀毒的需求，都可以通过一个简单的方式来满足，这样就诞生一个新的概念——框计算。今天，框计算已经不是一个概念了，在去年8月份到现在快一年的时间里，框计算已经在百度里面有所体现。比如说，现在搜索中央电视台的节目表已经不是一个简单的检索结果，而是一套一直到十二套；你搜索积分，它马上会给你一个列表；你搜索汇率，直接会说一美元等于多少；你搜索"火星文"，马上会有一个把"火星文"转成英文或者中文的，类似的应用已经有很多；或者你输入天气，它马上告诉你今天的、明天的天气——满足用户的需求更加便捷。所以，这又回到了我们最初创办这个公司的理想，就是让人们最便捷地获得信息，找到所求。

框计算强调两个东西：一个是融合，一站式服务，一个框解决所有的问题；一个是开放，这个平台对所有的应用服务商内容都是开放的，这一点是它的特色。现在有一个非常火的概念，就是应用商店，但是目前都是封闭性的。你的应用对这个平台的开放性无法照搬到另外一个平台，你要上另外一个平台，你得再开发一个应用。百度的框计算是可以的，我们使得这个应用更容易被用户找到，所以是开放性的。利用百度巨大的流量，我们希望打造一个产业链，让更多的技术开发者把应用迅速开发出来，推广到市场上。

这个框计算推出不到一年的时间，我们做了很多东西，由于说的不多，很多人说当时的东西是不是在忽悠，是不是说完了就完了，其实不是的，我们给大家举了很多例子，不光是百度朝着框计算发展，很多产业也朝着这个方向发展，iPhone上面一划就变成了只有搜索框的东西，开机只剩下一个框的理想，已经离我们不远了，它代表一个产业的发展趋势。

⟡ 每当要放弃的时候就想起那句话

讲了很多技术性的东西，很多人还是希望听一听创业的东西。为什么我没有主讲这个？因为这个东西已经讲了很多了。但是，我也知道这个东西大家很关心，我曾经在北大讲了一个跟创业相关的主题，我们百度在创业当中有3点体会，这篇文章被转载的次数是最多的，在结束的时候我再重复一下。

大家首先要知道创业不是一件很轻松的事情，其实是一个高风险和高回报的东西。打个比方，百慕大三角是一个很神秘和漂亮的地域，但它是一个魔鬼三角，很容易就掉下去了。创业也是这样，有很高的风险，就好像你要探索百慕大三角一样，你得有技术，有运气，还要能够坚持，才能走出来。如果我们把创业比作一个大三角，这个大三角一是团队，一是融资，一是商业模式。

第一，团队要有足够高的创业激情。因为任何创业都会遇到困难，如果你没有激情，坚持不下去，一遇到难事你就想我们去干别的吧，这样失败的概率就会很高。另外，我个人的一个风格是少许诺多兑现，这样做是你建立信誉的过程。为什么这个团队越来越相信你做的事情能够做成，我的体会就是要靠这个。我一开始并没有给我们的团队承诺每个人都会在30岁之前有退休的实力，但是最后达到了。如果当你在跟他们沟通的时候总是少许诺多兑现，那么，以后你说什么他们都会很信，跟着你一直干下去，这个是非常重要的。

第二，有关融资。在不需要钱的时候去借钱，这是一种奢侈。很多人在低谷期的确没钱。

在第一次融资的时候，其实我也有一定的资本跟融资者去说，我在现在的公司，我的股票已经值很多钱，如果我离开这个公司的话，我会放弃价值很多美元的股票，我愿意冒这个风险，你放心把钱借给我，没问题。所以，某种意义上讲，也是不缺钱的时候找钱，这也是我的风格，我在第一次融资的时候很容易。

第二次是我融的钱花到一半的时候，我又去融资了，一下子融资1000万美元。当时是互联网泡沫破灭，融资环境非常差。很多人说你不需要1000万美元，200万美元就够了。我很坚持，就要1000万美元。我说，不希望天天融资，我有这个钱以后安安心心创业，做自己的事情。所以，当时很坚持，也放弃了不愿意投很多钱的投资者。后来，拿到钱的时候，未来2001年、2002年时候，整个IT产业遇上了寒冬，但是我们过得非常有底气，很放心。其实，2008年左右的金融危机对整个宏观经济打击非常大，单就互联网产业来讲，2001年、2002年所有的互联网公司都有体会，到2008年的时候很多中国互联网公司都已经比较成功了，而2001年、2002年的时候做得很好的公司都倒闭了，无论是美国也好，中国也好。这是融资的一个状况。

第三，有关商业模式。首先是要往前看，这是指创业的过程，其实像百度到现在这样一个阶段，两年都是不够的，我们要往前看5年、10年。你在创业的初期为什么不能看5年、10年？看不清楚。你做一个新东西，处在一个新领域，你非得说你看5年、10年，你看的东西都是错的。但是，往前看两年是没问题的，如果你做一个东西连两年都看不了，这个是不太靠谱的。所以，创业初期两年是一个比较合适的时间。如果在一个比较合适的时间能够看到两年之后，就能够帮你做一个很好的决策；如果你不能够及时看到两年之后会发生什么，你很可能不能在当下做出正确的决策。2001年，百度做了一个从后台变成一个面向终端消费者的前台的决策，这就是最终我往前看了两年，但我仍然得罪了所有客户。

其次是关注。这一点也是百度的一个特点，对创业者也是非常有价值的。因为大家都知道，越大的公司业务越复杂，同时做的业务越多，小公司的好处是可以心无旁骛地做一件事情，这一点大公司做不到，它们都有很多业务。创业者怎么成功？做大公司不重视的事情——如果一件事情所有公司都觉得特别好，特别赚钱，那这个事情你肯定做不好。太多的人盯着这块蛋糕，而大公司的资金实力、产业的实力、技术的实力都比你强，所以这种情况下做成的概率不高。作为创业者，千万不能贪心，如果创业者也像一个大公司一样同时做很多事情，失败的概率就会大增。

再次，不要过早地追求盈利。在2001年、2002年的时候，很多人不明白这个道理，遇到了几十年难见的IT行业的寒冬，于是拼命地压缩成本，没有办法在技术人员身上投入，于是遇到了非常大的困难。现在呢，其实这个观点基本上都明白了，现在互联网创业公司基本上都不追求盈利。一开始我要用户，先把流量做起来，先让用户接受了我们的东西再说，现在绝大多数创业者都是这种心态，这种心态其实也有一点问题，你可以不过早地追求盈利，但是你永远不追求盈利是生存不下去的。所以，在创业的过程中，你要搞明白你这个公司是如何挣钱的，否则你就做慈善事业好了，不要创业了。

再其次，分散客户。这个是早期创业者容易出问题的地方，我们看到有不少创业公司就吃定一个大客户。比如有一些GE公司找一个银行做系统、做集成，80%的收入都来自同一个客户，我跟这个客户关系就特别好。这个是不行的。你跟他的关系是一个最大的风险，有一天你跟他的关系不好了，有一天他觉得你的价格贵了，怎么办？他要你降价，你敢不降吗？不降，80%的收入就没有了。所以，如果客户足够分散的话，你就不用怕了，你就可以说你的业务多好，他也知道你丢了他也没多大关系。实际上，在百度的创业过程中，我们的商业模式在转型前后发生了很多的变化，之前我们给门户网站提供搜索服务，丢掉了一个大客户——总共没有几个，2001年、2002年时候大家都过得不好，我们丢掉了一个大客户，很痛苦。后来转型了，我们有几十万的企业，丢掉了没有什么，风险越来越小。

这是我的3条创业体会，网上有很多，如果大家想细看，可以到百度去查。这里，给大家一句话：认准了，就去做；不跟风，不动摇。哪天你觉得气馁了，准备放弃了，看一下这句话。

现在这个时机，我认为还是非常好的。记得我回国的时候，很多人就在问我说你是不是回国了，因为那个时候地位已经缺失了，大家会想，你再回来还能做什么。现在，经过10年的发展，中国互联网已经产生了一大批相当成功的公司，我现在看到了一大批思潮已经没有机会了。甚至有人说，互联网是什么人的天下呢？1964年到1974年出生的人的天下。因为他们创业的时候是互联网最好的时机。其实不是。我觉得机会还是很多很多：中国现在虽然已经有4亿网民，但还有9亿不是网民；未来，无线互联网还有很大的发展空间；即使人们现在已经上网了，还可以上更多的时间，以前一天用1次搜索，现在可以用10次，以前每天上半个小时，现在可以上5个小时，这个变化可以带来消费习惯的变化。如果过去十几年中国互联网主要是以娱乐为主，未来互联网会在商务方面会有很多机会，加上国内有很多优惠政策，整个GDP高速成长，我觉得我们仍然处在一个千载难逢的创业时机。所以，我祝各位早日实现创业梦想。谢谢！

始终相信技术的力量

——李彦宏在"百度2014年会暨十五周年庆典"的演讲

各位亲爱的同学们：

很高兴我们又在一起了，你们开心吗？

每一次和大家相聚，我都非常开心。去年8月，我站在Summer Party（夏日盛会）的舞台上，看到同学们聚在一起，上万人一起挥舞手臂，一起欢乐、庆祝。在那一瞬间，我产生了一个强烈的愿望：那就是过年时候，我们更应该热热闹闹地开个年会，庆祝我们百度十五周年。今天，就让我们一起欢聚，一起任性！

我们今天开会的地方——首都体育馆，斜对面就是中国国家图书馆。至今我还记得，当年上大学的时候，冬天冒着大风骑自行车来这个图书馆借书的情形。而今天，百度索引的网页信息已经相当于6万多个中国国家图书馆。每个人不管在哪儿，离信息和知识的距离都是一样的。15年前，在创立百度的第一天，我们就确立了这样的一个使命："让人们最平等便捷地获取信息，找到所求。"15年来，我们其实也就只做了这一件事情，再过15年也好，50年也好，我们还会把这件事情继续做下去！这是我们值得为之奋斗一生的事业！

几天前，我收到一位小学校长给我发来的邮件，他感谢百度文库对他们的帮助。这所小学位于偏远的科尔沁草原。老师和孩子们害怕贫困，但是他们更害怕与世隔绝。由于地方太偏，几年来，学校的年轻老师流失严重,教学工作几乎无法继续。这位小学校长坚信,互联网能够帮老师和孩子们走出困境。他通过百度找到了百度文库。现在,老师们可以随时在百度文库上找到最优秀的教学课件,让孩子们得到更好的教育,还能把自己的教学经验通过百度文库向全国的网友分享。这位校长告诉我,是百度帮助孩子和老师们打开了心中连接世界的窗户,放飞了属于他们的梦想!

15年来,我们坚守使命,砥砺前行。

在PC搜索领域,我们从来不缺少竞争对手,也从来不惧怕竞争对手。同学们,因为有你们,百度在搜索领域的地位永远不会被撼动;因为有你们,竞争对手抄袭的速度,永远都赶不上百度创新的速度!

移动云的同学们,你们用两年多的时间,打了一场艰苦而漂亮的大仗,帮公司顺利地实现了移动的转型!你们用行动向外界证明:百度人很行!

百度地图的同学们,你们不仅获得了绝对领先的市场份额,而且改变了行业的规则,让全体网民都用上了免费的导航软件,"出门就查百度地图",我也是你们最忠实的用户!

还有我们贴吧的同学们,你们创造了一个全新的世界,让亿万兴趣相投的人在这里相聚。2015,"上贴吧、找组织"——同学们,约吗?

还有你们,技术体系的同学们,百度大脑正在引领人工智能的方向,语音和图像识别技术已经与世界比肩。对此,我只想对你们说:干得漂亮!

亲爱的百度同学们,我特别想和你们一起欢呼!我为你们感到骄傲和自豪!

今天,我们很高兴地邀请到部分百度同学的家人来到年会现场。我要向所有百度家属表示最衷心的感谢!正是因为你们,让我们在每一天辛苦的工作之后，能够回到一个温暖的港湾！让我们在遭受失败和挫折时，重新获取斗志与力量！是你们，让我们每天的奋斗变得更有意义！让我们把最热烈的掌声，献给我们的亲人们！

我还想在这里向百度全体45000名员工提前拜年。不论你们在北京、上海、深圳、广州，还是在美国、日本、巴西、印尼、泰国、埃及、新加坡，不论你们是在现场，还是在收看直播，我们的欢乐在一起，我们的祝福在一起，我们的心在一起！

今天，台下还有一些亲切的面孔，他们在百度成长初期就加入了公司，为百度的发展做出了重大贡献。传说中的百度"创业七剑客"，今天到了6位。在百度论语的故事中，同学们都熟知他们的名字，他们是百度事业和文化最早的奠基者。让我们向他们致敬，让我们以最热烈的掌声，欢迎他们回来，与我们一起庆祝百度十五周岁的生日！

15年的百度，风雨兼程。尤其在过去两年，我们过得并不轻松。在PC领域，我们一度遭受竞争对手的攻击。同时，移动互联网的大潮来得太快，面对迅猛的时代变迁，我们显得有点准备不足。

正因为这些现象，两年前，曾经有人说：百度不行了。然而，就像百度历史上所经历的每个困难时期一样，无论有多难，我们从来没有放弃对未来的信心，我们每一次都能够众志成城地挺过来，并再一次迎来全新的发展空间。

我们为什么能够survive（幸存）？因为我们相信技术的力量。我们的团队，1/3以上都是优秀的技术工程师。在最困难的时期，我们反而拿出更多经费来加大研发投入。我们不断地扩充美国硅谷研发中心的规模，在人工智能、大数据、语音、图像识别等领域进行深入的布局。我们坚信，技术是我们在巨变的竞争环境中，超越一切对手的决定力量！

我们为什么能够survive？因为我们始终把简单可依赖的文化和人才成长机制当成百度最宝贵的财富。在我的百度云相册中，一直保存着这张照片。那是2012年12月，一个寒冷的周末，很多年轻人冒着雨在百度大厦门口排起长长的队伍，等候参加入职考试。我相信今天在座的同学当中，肯定也有那天在排队的人。这么多人如此渴望加入这个公司，加入这个事业，我心里充满了感动。

作为CEO，我有责任为大家创造更好的平台，让大家施展才华、快速成长。在这个平台上，我们吸引了吴恩达、王海峰、余凯、张潼、贾磊、吴华、吴韧等一批世界顶级的科学家，与大家在一起，共同实现技术的理想。同时，我们在世界范围内建立研发中心并且开展业务，也将为同学们的发展提供最佳的舞台。作为CEO，我更有责任让优秀的人才在这个平台上脱颖而出，并且获得丰厚的回报。2014年的年底，我们拿出了历史上最大额度的奖金，奖励业绩突出的同学。我听说有一位同学，今年拿到的奖金相当于他50个月的工资。我由衷地向他表示祝贺，同时我也要告诉大家：我们就是要打破平均主义。未来，我们还要拿出更多的钱。对于业绩突出的同学，我们的奖金没有上限！

是的，我们还没有夺取最终的胜利，但是在移动大潮到来的时候，我们已经站稳脚跟，为即将到来的冲锋积蓄了力量！

上午，我在来首体的路上，路过旁边的北大口腔医院，我知道那里每天都有通宵排队的人在等待挂号。生活服务的不便利、不平等，跟20年前人们获取信息、获取知识的不便利、不平等，本质上是一样的。每每想到这里，我就感到我们肩上的责任还很重，我们要走的路还很长。

我们要把握互联网和传统产业深度融合这一历史机遇，在移动时代，将我们的战略从"连接人与信息"延展到"连接人与服务"，我们已经花了15年时间，让人们在信息和知识面前逐步平等。未来，我们还要让人们在获取各种服务时也同样高效而平等，为了实现这样的目标，我们不惜再花15年甚至更长的时间！

我们已经和301医院这样的权威医疗机构展开合作。希望不久的将来，每一个普通患者通过互联网，都能获得最权威的医疗机构的救助。

我们已经在筹备全新的互联网金融业务，我们首先会专注于教育贷款。我们要让每一个积极向上的年轻人，在发展自己的道路上，不会因为付不起学费而放弃梦想。

连接人与服务，移动互联网广阔的战场就在我们面前。我们将改写行业规则，创造新的市场。人们的衣食住行，将通过百度而得到更大的便利！社会的经济运行效率，将通过百度而得到极大的提升！

现在，是我们发起进攻的时候了！在教育、医疗、金融、交通、旅游等行业，无数的机会在向我们挥手召唤。深耕每一个行业，我们都有机会创造一个个百度！

现在，是我们引领未来的时候了！语音和图像将成为未来人们表达需求的主要方式，大数据和人工智能正在成为推动信息产业深刻变革的"核动力"，谁拥有这些技术，谁就会占领未来科技的制高点。我们要成为全球的创新中心！

现在，是我们改变世界的时候了！我可以预见，在这个战场上，一大批同学经受过战斗的考验之后，将成为中国乃至世界互联网真正的栋梁！

同学们，是时候了！

It is time！（是时候了！）

It's time to move forward！（是前进的时候了！）

It's time to lead the future！（是引领未来的时候了！）

It's time to change the world！（是改变世界的时候了！）

今天，我们斗志昂扬、奋勇向前，明天，我们就一定能够让胜利的旗帜飘扬在梦想的巅峰！

希望在下一个15年，我们仍然能在一起。到那时，我们能够骄傲地说：是我们，续写了百度的荣耀！是我们，坚持了中国的梦想！是我们，改变了世界的未来！

不拥抱互联网就要被淘汰
——2015年4月24日李彦宏应邀前往证监会发表的演讲

大家好！

特别高兴能够来到这里，和大家做一次交流和互动。

百度有15年的历史，应该算是一个相对比较年轻的公司，但是作为一个上市公司，我们也是有一定历史的公司。今年是百度上市的第十年，我们是2005年8月5号在美国纳斯达克上市的。

当时上市的时候，很多人都有印象，上市当天股票涨了350%多，因此很多投资人都非常高兴。但事实上后来10年，我们上市时候的市值是8亿美元，现在是接近800亿美元，所以是10年100倍的回报。

对各位来说，非常关键的信息是，这10年当中，百度在华尔街的名声还是不错的。当然，我在各种场合都表示过，很希望百度有机会能够回来，在中国上市，或者以某种其他的形式，让中国投资者能够受益。因为我们的市场在中国，用户在中国，客户也在中国，所以我们也希望我们的股东、投资人也能够在中国。和阿里、腾讯这些公司相比，百度的主要特点是，对于技术，我们更重视，也更见长一些。

大家都知道，现在创业热潮非常火，有各种各样的VC在我们大楼旁边的咖啡馆里长期驻扎，天天在那里和我们的员工谈，想把他们忽悠出去，去创业。他们觉得一个黄金的创业组合是什么呢？就是一个百度搞技术的人，加上一个腾讯搞产品的人，再加上一个阿里搞运营的人，这样的人拿到创业资本是最容易的。

我们的技术发展了这么多年，我本人也是搞技术出身，一直对技术情有独钟，所以技术在产品上的体现也是非常凸显的。给大家举一个例子。前几天，有一个朋友突然给我留言，他说："百度新闻怎么会把我的一个负面新闻放在特别明显的位置？"我说："放了你什么信息啊？"他给我发过来一条新闻，就是他卖了某一个公司的股票。

我这个朋友其实不是一个特别高调的人，他卖了一个股票，我觉得也不能算是特别负面的东西，也不算百度新闻里一个非常重要的内容。但为什么这个新闻会放在特别明显的位置呢？后来我仔细一想，原因是，我们的百度新闻是一个个性化的东西，就是说每个人看到的新闻是不一样的。

大家如果注意的话会发现，那些标着"热门"字眼的新闻，才是每个人都能看到的东西，而标着蓝色"推荐"的，是只有个人能够看到的内容。我这个朋友可能天天都看与自己相关的事情，所以就看到了在一个很重要的位置有关他的这条消息，而事实上，这条消息并不是很多人都能看得到的。

这就是我们百度利用技术，针对每一个人的特点、兴趣对信息做出的甄别，然后根据他的需求给他推荐相应的东西。

另外，还有一个例子。大家每天都在使用百度，但百度有很多产品是大家不熟悉的。比如，我们有个专门的App叫百度翻译，它大概能翻译17种语言，有180多个翻译方向。因为语言之间相互的组合是很多的，比如从希腊语翻译成日语。我们的工程师既不懂希腊语，也不懂日语，他怎么能够做到这种翻译呢？

大家如果注意的话会发现，百度翻译并不是词对词的翻译。词对词的翻译用一个词典就能解决了。我们则是句子对句子的翻译，需要真正能够理解句子的意思，才能翻译出来。如果两种语言都不懂，还要让它实现相互之间的翻译，那就需要技术了。

这是什么技术呢？就是人工智能里面的机器学习，机器看得多了，慢慢就能明白了。比如，网上有很多希腊语的网页或者文献，也有很多日语的文献，我们怎么能知道两个不同语言的文章讲的是同一个事、词和词之间是如何对应的、句子和句子之间是什么关系、语法中有什么规则，等等。这些事情都可以用技术帮助计算机进行学习，这就是我们可以通过技术来做到，而别人做不到的事情。

再举一个例子。大家的手机里都装有手机百度，你如果对着手机百度说："现在颐和园人多不多？"它可能就会告诉你，现在颐和园的人数一般，这个数据是3分钟之前更新的。其实，网上没有一个网页会告诉你，现在颐和园有多少人。那我们是怎么知道的呢？这也得靠技术。

这个技术，大家知道可以通过百度地图的定位服务来实现。现在，还有很多非百度自己的App，也经常会调用百度的定位服务。我们定位服务是，假如你想知道自己现在在哪里，或者这台手机在哪里，那么它要调用定位系统。颐和园现在有多少人，使用定位系统是可以知道的，那么我们就能根据这个数据分析，知道颐和园现在的人多不多，以此类推，我们也可以知道天安门现在的人多不多。这也是技术的力量。

所以，技术可以做很多事情。有些大家表面看上去很苦的活儿，背后也是有很多高超的技术。比如说零售，我们一般会觉得零售就是低价买进来，高价卖出去。但其实这里还有很多精细化的运营，都需要靠数据和技术不断地去积累和完善，不断地去优化运营效率。

我的运营效率比你高，我就能够拿到更低的成本，我就能够买更多的货进来，以一个更低的价格卖出去，就变得越来越大了。其中一个典型的例子是沃尔玛，它的销量越大，margin power（优势力量）就会越大，它就可以在进货的时候以更低的价格买进来，并把这个低价格传递给消费者，那么就会有越来越多的消费者到它这里来消费。

我们有一个董事是沃尔玛的副董事长，他其实在10年前就来到我们这儿了，一直跟我讲，所谓的零售其实就是一个数字游戏，完全是数学，需要不停地算、不停地提升这个效率，才能比别人更有优势。

这是国外的例子，国内我还是用百度的例子。现在在北京的人，可能经常会看到大街上有穿着百度外卖衣服的人，就是送外卖的骑士。但实际上，这些表面看上去很苦，其实背后的技术含量也不低。它的技术含量在哪里呢？实际上是在整个配送的逻辑上。

怎么能更加有效地配送这些东西，你的成本才能降下来？因为一般的外卖也就几十块钱，配送成本如果能稍微降低一点儿，就能够把它的竞争力增加很多。我曾看到过一些数字：我们国家整体物流其实是非常没有效率的，物流成本大约占我国GDP的17%；我们公路上跑的那些货车，40%以上都是空载的。从北京拉到上海车上有货，但从上海再返回去就没货可拉了，但它仍然存在成本。

怎样做到精细化的运营？怎样实现科学的调度？如何才能让货车都有货可拉？或者，怎么让外面的骑士更合理地去送外卖？比如，我可以告诉你，上午11点该待在什么地方，应该先去取哪单，再去取哪单，哪一个骑士取这个单，哪个骑士取另外的单，哪几个单可以合并在一起、送到哪里去……这些都是非常复杂的计算，里面也包含着非常复杂的技术。而当规模足够大的时候，这些效率的提升就会使你越来越有竞争力。

↗ 移动互联网是渐变式改良，不是颠覆性革命

我刚才举的这几个例子，大家可以感觉到，这与大家所认识的传统的百度搜索已经很不一样了，这也是科技发展。尤其是最近几年移动互联网的兴起，产生了过去很多没有的需求，也给了我们很多创新的机会。

其实，我们在早期的时候并没有意识到这些问题。一开始我觉得，现在手机也可以上网了，无非就是屏幕小了点儿、速度慢了点儿。我们当时想到的都是不好的。我觉得大家在PC上搜索，现在到户外去了，没有PC在身边，那么拿出手机来搜索也是一样的，搜索引擎给出的内容也应该是一样的。因为手机的速度慢、屏幕小，那就把这里面的图片都拿掉，只提供文字，但结果是手机上的排版很难看。

这样的思维方式，实际上导致我们在一段时间里丢掉了一些机会。所以，在2013年的时候，就是前年年初，我当时就下决心说：我们要转型，就是从PC互联网向移动互联网转型。

当时为什么要公开讲这个转型呢？因为我们是一个上市公司，我需要告诉我的投资者，What shall we happen next?（我们接下来会发生什么？）为什么要告诉他们？因为这里有financial effect（对经济的影响），因为他们要对我的财务报表产生影响。产生什么影响呢？是负面的影响。

实际上，对于这种转型我们是要付出代价的，而且这个代价是大的，甚至可以说是相当大的。大到什么程度？在转型之前，我们的运营利润率是53%。两年之后，当转型完成的时候，我们的运营利润率降到了29%。就是说，在两年的时间里，有接近30个点的利润率下降，这是我们做这个转型要付的代价。也就是说，原来100块钱的收入有50多

块钱是利润，现在100块钱的收入只有20多块钱的利润。

这样的转型其实是需要很大决心的，是不容易的。而且，很多公司不敢这样做，越是有历史的公司越不敢做这样的决策。因为越是有历史的公司，它的决策者往往不是创始人，而是倾向于职业经理人去做公司的CEO，这些人可能干了5年，甚至更短的时间，就会离开，他不会冒这种风险，他干了一年，一旦利润率下降了5个点、10个点，董事会就会把他开掉。

所以，对于一个完全职业化管理的公司，做这种转型几乎是不可能的。但是，我作为创始人，我认为我在5年、10年之后还会在这个公司中，即使我不在第一线工作，但我的最大的利益仍然是公司的长远利益。我明天、下一个季度，或者未来三五年都可以不卖百度的股票。但是，对于绝大多数的职业经理人来说，他们不敢这样做。这就是为什么我们可以下决心做这种转型。

百度转型成功的标志是什么？我当时定的目标是，大家使用百度时，更多的人是通过手机而非PC机。也就是说，来自手机的搜索流量要超过来自PC的流量。现在，实际上我们不仅仅获得了更多的手机用户，来自手机的收入也超过了来自PC的收入。

所以可以说，这个转型现在已经是成功了。但是这种成功并不表明我们就安全了，我们下一步每天要考虑的事情是，虽然大家已经习惯了在手机上进行搜索，但是搜索还那么重要吗？会不会随着移动互联网的发展，搜索这件事也会变得就不那么重要了呢？我们把这个问题再拔高一个层次，就是从PC互联网到移动互联网的这种转变，到底是一种质变还是一种量变？是革命还是改良？

这个问题我想了一下，其实我的答案是：它是一个evolution（演进），而不是一个revolution（革命），不是革命，是改良。

原因就是，我们看今天的这些互联网公司，最大规模的互联网公司绝大多数都是在PC时代就已经产生了，并且在PC时代就已经做出了相应的规模，然后他们才去拥抱移动互联网时代，并做相应的移动互联网产品，或者说把原来的产品进一步地移动互联网化，产生了现在这些互联网巨头或者其他规模比较大的公司。

我们会发现，他们基本上都是从PC互联网时代打拼出来的。但即使它是一个渐变、改良，像我刚所讲的，我们同样需要付出极大的代价，要付出股票下降30个点的代价，而且要经过很长的时间才能够实现转型。我们现在就在想，一个传统的企业要想拥抱互联网，要想跟得上移动互联网的大潮，它的难度是可想而知的。

一个互联网公司站在技术革命浪潮的最前沿，想稍微转一转身，变个方向，都这么痛苦，都要付出这么大的代价，那么对于传统产业来说，真的是更加艰难。

◉ 传统产业应下决心付代价去拥抱互联网

大概在5年前，我就不停地对外讲，想影响传统产业和主流产业，希望他们能够积极地拥抱移动互联网。我最初讲的是，我们任何一个公司，任何一个企业，不管做什么，都要有互联网思维，你不一定要做互联网，但在你的思维方式中需要融入快速迭代、用户至上、一开始不要太担心盈利、先把规模做起来等观念。

这些都是互联网公司认为天经地义的事情，但传统产业会很不熟悉，很不情愿。所以，我们就提出，大家要有互联网思维。后来发现，真正能被这种话所打动的公司并不是很多。所以，我也很着急。

我希望我们中国企业能够及早具备更强的竞争力，而且，这些企业的真正互联网化对百度也是有益的。

后来我讲，互联网正在加速淘汰传统产业，如果你不去互联网化，如果你不融入这样一个浪潮，很快就会被淘汰。我不知道是这个市场成熟到了一定程度，突然大家开始有了这样的意识，还是说我这种话多多少少起了作用。这两年，我们看到不管从事什么行业的人都真的开始认真地思考，我做的事情到底和互联网有什么关系，我怎么能够拥抱互联网，怎么用互联网的方式来做事，或者用互联网的技术来提升我的竞争力。我们现在看到一个非常好的现象，那就是大家都有拥抱互联网的意识了，包括我们政府。

今年的政府工作报告，无数次提到互联网、云计算、大数据、互联网金融等，还有"互联网+"，互联网和任何一个传统产业进行结合，360行，甚至3600行，每一个行业跟互联网的结合都会有创新，都会有很多机会。

我也看到，这两年整体的宏观形势，无论对于互联网企业，还是传统企业，都是非常有利的。虽然经济下行压力比较大，但如果真的能够认真地研究，下大决心去拥抱互联网，机会比困难更多。

所以，我们不仅仅在搜索方面思考怎么去转型，也在思考搜索以外还有哪些机会，尤其是跟传统产业结合有哪些机会。我觉得，中国在这方面比美国还要更加领先，这是跟过去10年很不一样的地方。

过去，互联网颠覆了一些行业，但是对于绝大部分行业影响力并不是特别大。互联网颠覆了哪些行业呢？第一个就是媒体。现在，网络成为我们主要的信息来源，而不是电视、报纸、杂志等。

去年，海尔公司的张瑞敏也说过，海尔以后不在报纸和杂志上投放广告。这是一个很明显的迹象，媒体确实发生了质的变化。而我们的传统媒体，其实在拥抱互联网上做得并不够快，不够坚决。所以，现在他们的影响力在下降，他们的市场份额受到了巨大的影响。

第二个几乎被颠覆掉的行业是零售行业。我们现在走到线下实体零售店会发现，顾客非常少，但是电子商务却红红火火，发展得非常快。现在，中国和美国的网上零售，占整体零售的比例差不多是一样的，但是中国网上零售每年的增长速度是50%，美国是15%。所以，我们可以看到，未来中国零售业受到的冲击，要远比美国零售业受到的冲击大。

这其中的原因和媒体行业是一样的。我们的传统零售业和传统媒体，都没有能够认真地对待互联网，没有认真研究如何拥抱互联网，没有下决心付出代价去做突破的事情，结果现在面临着被淘汰的危险。

但是，如果再看看其他行业，我们越来越多看到的是线上线下结合的机会，看到的是互联网公司和传统产业一起合作的机会，而不是传统产业被淘汰。现在大家可能体会最深的一件事情就是看电影。

现在用户看电影，只要在百度搜索电影院，或者搜索一部电影的名字，比如《王牌特工》，或者搜索一个电影院的名字，这时候百度都可以回答离你最近的电影院有几个，每一个电影院什么时间在放映什么电影，你选择这个电影，选择一个时间，它会给你一个座位图，显示哪些座位已经卖掉了，哪些座位你可以随便挑选，你选好想要的座位，然后直接付款，这样一系列的操作，只需要用手机百度就可以完成了，到时间你直接去看电影就可以了。

这就是完整的线上线下结合的体验，也因为这样的体验，我们把线下资源的利用率大大地提升了。以前电影院的上座率大概只有15%，大多数都是空的，现在线上做一个活动，电影院就全部都坐满了；以前一张电影票要七八十块钱，现在通过一些补贴，六块六就可以买到。

我们希望，通过这种补贴来培养用户的习惯，那就是不仅仅从网上获得信息，要有完整的线上线下体验，看电影就是很好的例子。

我刚才讲的外卖的例子也是这样。用户在手机上操作几下，外卖就送来了，非常方便。同时，现在外卖服务的覆盖面也很广，不仅在北京，全国几十个城市，比如赤峰这样的城市也能做到。

如果不愿意叫外卖，出去就餐也一样，随便走进一个餐厅，结账的时候问店家，接受团购吗？80%的情况下他会说接受。

线下的商家为什么愿意接受团购呢？对于他来说，团购使得运营效率得到提升，资源利用率提升了。原本15%的上座率，通过团购提升到85%，有什么不好呢？原来一家餐馆一天就接待50个人，现在可以接待200人，成本却没有按比例上升。如果一个就餐时段可以翻两次台，使用率就不是100%，而是200%，这样的效率提升其实是可以通过互联网的方式来实现的。

同时，这种效率的提升又非常地依赖互联网技术，包括推荐的技术、个性化的技术、大数据分析技术，或者语音识别、图像识别等技术。比如，我走出去看到一束花很漂亮，我拍一张照片，它就能告诉我，这是什么花，那是什么树，它都认识。

↗ 人工智能等技术将为人类生活带来更大便利

追溯这些技术，其实就是所谓的人工智能技术。人工智能技术是最近几年最不可挡的科技进步，也是大家谈论最多的技术。

不仅仅谈论人工智能带来的好的影响，也谈论人工智能有可能带来的危险。现在，有些电影也有涉及，比如现在热映的《王牌特工》

就有点儿担忧人工智能技术的意思，电影里的人物通过手机芯片就可以控制人的情绪。

所以，现在业界内，像微软的比尔·盖茨、埃隆·马斯克这些科技公司创始人都公开地提醒人们，要关注人工智能有可能带来的黑暗的一面。

上个月，我在博鳌主持了一场对话，对话嘉宾就是比尔·盖茨和埃隆·马斯克，我们也讨论了人工智能的事情。

当然，我的立场更加乐观，我觉得人工智能目前给我们带来的更多的是便利和效率的提升，并且在可预见的未来一直都会是这样。另外，我们的首席科学家吴恩达先生也在媒体上公开表示，担心人工智能带来的负面影响，就像担心火星上人口过剩一样，是一个非常遥远的问题。但是无论如何，现在人工智能技术的进步，确实是产生了相当大的影响力，也特别受人们的关注。

人工智能的技术并不是这两年才出现的，早在上个世纪50年代就已经出现了，我在美国读书的时候，人工智能也是一门必修课。可是，我读书的时候，大家都觉得人工智能完全是一个学术性的东西，并没有实用价值，是理论上东西，但实际上没有用处。

但是，现在人工智能为什么实用了？为什么大家觉得人工智能是真正能够产生影响的东西？甚至都开始担心它会产生负面影响，担心有一天机器比人聪明，会把我们人类给毁灭掉。其实，原因就是计算技术在不断提升，计算的成本不断下降，计算的能力在不断上升。

著名的摩尔定律讲到，每隔18个月芯片的成本会降一半，芯片的计算能力会升一倍。这样的变化持续了很多年，我们会突然发现，曾经我们认为不可能做到的事情，现在是可能的。

原来，我们认为人工智能只是学术上的探讨，并不能实现，或者当时认为不能实现，是因为做起来太贵、太慢了。那么现在，它既不贵也不慢，就可以实现了。所以，突然大家意识到人工智能很重要，计算机真的可以像人一样思考，可以辨识东西，也可以懂得人们说的话。

所以，我觉得这是一个非常令人兴奋的时代，因为各种各样的变化在人们身边发生，每一年都有很不一样的变化。而对于百度来说，就是希望未来能够利用技术，更好地为用户服务。过去十几年，我们做的最重要的事情，就是"连接人与信息"。

各位在证监会工作，经常会查各种各样公司的资料，应该对搜索引擎非常熟悉，也非常依赖。但是，我们认为，未来有一个更加让人兴奋的可能性，就是我们不仅仅可以"连接人与信息"，还可以"连接人与服务"。

大家现在用搜索引擎，用百度用得非常频繁，主要的输入方式是文字。其实，用手机输入文字是很痛苦的事情。随着技术的成熟，以后用语音、用图片搜索也可以马上满足需求。所以，我认为5年以后会有50%以上的搜索请求是图像、语音形式的，而不是现在常用的文字形式。未来，百度将从人与信息的连接，转向人与服务的连接，当然人与信息的连接仍然存在，而计算机、手机也越来越能清晰地理解人的意图，并且更好地满足用户需求。

我们也希望百度能够通过自己的技术和努力，在这个伟大的人类历史变革时期，做我们应该做的、能够做的贡献。

谢谢大家。

李彦宏经典语录

不要轻易将主动权交给投资人，在创业的过程中没有人会乐善好施。

生活与工作一样，一切都应该立足于实际。

做自己喜欢做的事情，做自己擅长做的事情。

不走康庄大道，我自己喜欢做什么要比别人怎么看我更重要。

不要对自己开创的公司死守着不放——这是经过很多惨痛教训才明白的道理，并不是所有打天下的人都适合坐天下。

金钱不是最重要的，重要的是你是不是在做你喜欢做的事情，是不是有一个幸福的生活。

任何一个创业者都不能指望说别人让一块地盘给你，这是不现实的，你必须要争出一块地盘来。

所有创业者在决定创业时都需要问自己：我是不是愿意吃苦，我是不是愿意承受失败，我是不是愿意自甘寂寞。

创业者一定要信仰我做的事情而做下去，而不是说我做这个事情很好玩，或者是很风光所以做下去。

认准了，就去做，不跟风，不动摇。哪天你觉得气馁了，准备放弃了，看看这句话。

保持创业激情——任何创业都会碰到很多问题，没有激情就容易放弃坚持，一遇到难事就逃避，就换方向，这样失败率会很高，成功的可能就会很低。

专注——作为一个创业者，千万不能分心，如果同时做很多事情，失败的概率就高很多倍了。

分散客户——创业初期，固定的大客户比重将使风险系数提高，只有客户足够分散，风险越小，公司才能越大，命运只能掌握在自己手中，绝不能操纵在别人手中。

任何一个创业者都会遇到很大的挑战，不管是哪个时代，而现在这个时代，比以往任何一个时代都更好。

大学中培养的最重要的是思考力和判断力，你需要做的是踏踏实实学你现在需要学的东西或学校给你的环境，给你的知识，慢慢接触的人多了，思路开阔了，你就逐渐形成了独立思考和独立判断的能力，这将让你受益终身。

有风险的运动，有刺激的运动，会让人在胜利后获得极大的快乐享受。创业也是一项有风险的举动，我喜欢这种刺激。

管理者不过是给大家提供一个好的工作环境、氛围，让有才能的人愉快、充分地发挥潜力创造。

我毕业的时候，社会上流行一句话，叫"造导弹的不如卖茶叶蛋的"，那时候因为我相信了这个耿介不阿的人格操守和抗争精神，所以我没有去卖茶叶蛋，还是自己做自己相信的技术。

我选择放弃博士学位来进行创业，并不是为了钱，而是真的出于对这个行业的热爱。同时，我也并非完全不考虑钱的因素，但我始终坚信：在今天的社会中，只要你给了对社会好的产品，社会一定会给你更多的回报。

百度永远离破产只有30天，让我们更坚强、更勇敢地共同战斗，让那一天永远不要来，这样才能让我们在老去的时候仍能对孩子们说："有问题，百度一下。"

互联网公司，最有价值的就是人。我们的办公室、服务器会折旧，但一个公司，始终在增值的就是公司的每一位员工。

对于一个人才，我们更多注重的是，你能不能够创造，为自身创造价值，给用户带来更好的体验，这是百度所关心的，所看重的。

参考文献

［1］百度用户体验部. 体验·度：简单可依赖的用户体验. 清华大学出版社，2014年10月

［2］万资姿. 百度摆渡世界：搜王李彦宏. 现代出版社，2010年7月

［3］朱光. 壹百度2：人生可以走直线. 江苏文艺出版社，2010年5月

［4］周艳国. 百度的创业内幕. 浙江人民出版社，2012年6月

［5］杨皓. 百度总裁李彦宏给员工的内部邮件. 台海出版社，2013年8月

［6］李彦宏. 2015年百度年会演讲全文. 百度文库，2015年1月

［7］李彦宏. "三不政策"支持新兴创业. 北京晨报，2015年6月

［8］李彦宏委员建议设立"中国大脑"计划. 人民网-图片频道，2015年3月

［9］2014百度联盟峰会李彦宏主题演讲——企业软件和新大数据. 爱奇艺PPS，2014年9月